Ernst Probst

Löwenfunde in Deutschland, Österreich und der Schweiz

Mit Zeichnungen von Shuhei Tamura

GRIN Verlag

Bibliografische Information der Deutschen Nationalbibliothek:

Die Deutsche Bibliothek verzeichnet diese Publikation in der Deutschen National-
bibliografie; detaillierte bibliografische Daten sind im Internet über http://dnb.d-
nb.de/ abrufbar.

Impressum:

Copyright © 2011 GRIN Verlag GmbH
Druck und Bindung: Books on Demand GmbH, Norderstedt Germany
ISBN: 978-3-656-01735-6

GRIN - Your knowledge has value

Der GRIN Verlag publiziert seit 1998 wissenschaftliche Arbeiten von Studenten, Hochschullehrern und anderen Akademikern als eBook und gedrucktes Buch. Die Verlagswebsite www.grin.com ist die ideale Plattform zur Veröffentlichung von Hausarbeiten, Abschlussarbeiten, wissenschaftlichen Aufsätzen, Dissertationen und Fachbüchern.

Besuchen Sie uns im Internet:

http://www.grin.com/

http://www.facebook.com/grincom

http://www.twitter.com/grin_com

Das Titelbild zeigt den Mosbacher Löwen (Panthera leo fossilis), der im Eiszeitalter vor etwa 700.000 bis vor 300.000 Jahren in Europa lebte. Diese Raubkatze ist nach dem ehemaligen Dorf Mosbach zwischen Wiesbaden und Biebrich in Hessen benannt, wo zahlreiche fossile Reste von Tieren aus dem Eiszeitalter entdeckt wurden. Der Mosbacher Löwe erreichte mit einer Gesamtlänge von maximal 3,60 Metern nicht ganz die imposanten Maße des Amerikanischen Höhlenlöwen (Panthera leo atrox), der vor ungefähr 100.000 bis 10.000 Jahren in Amerika existierte. Aus dem Mosbacher Löwen ging vor rund 300.000 Jahren der Europäische Höhlenlöwe (Panthera leo spelaea) hervor. Zeichnung von Shuhei Tamura, Kanagawa, Japan

Ernst Probst

Löwenfunde
in Deutschland,
Österreich
und der Schweiz

Mit Zeichnungen
von Shuhei Tamura

Inhalt

Dank

Für Hilfe bei der Entstehung dieses Taschenbuches danke ich:

Dr. Alain Argant, Institut Dolomieu, Grenoble

Michel Blant,
Institut suisse de spéléologie et de karstologie (ISSKA),
La Chaux-de-Fonds

Dr. Robert Darga,
Naturkunde- und Mammut-Museum Siegsdorf

Dr. Cajus G. Diedrich,
Paläontologe, PalaeoLogic, Halle/Westfalen

Thomas Engel,
geologischer Präparator, Naturhistorisches Museum Mainz /
Landessammlung für Naturkunde Rheinland-Pfalz

Fritz Geller-Grimm, Kurator, Museum Wiesbaden

Ulrich H. J. Heidtke, Niederkirchen (Pfalz)

Prof. Dr. Helmut Hemmer, Mainz

Dr. Brigitte Hilpert,
Geozentrum Nordbayern, Fachgruppe PaläoUmwelt,
Erlangen

Markus Höneisen,
Kanton Schaffhausen, Kantonsarchäologie

Dr. rer. nat. habil. Ralf-Dietrich Kahlke,
Leiter der Forschungsstation für Quartärpaläontologie der
Senckenbergischen Naturforschenden Gesellschaft, Weimar

Dr. Thomas Keller,
Landesamt für Denkmalpflege Hessen,
Archäologische und Paläontologische Denkmalpflege,
Wiesbaden

Dr. Peter Lanser, LWL-Museum für Naturkunde,
Westfälisches Landesmuseum mit Planetarium, Münster

Prof. Dr. Dietrich Mania, Jena

Dr. Lutz Maus,
Forschungsstation für Quartärpaläontologie der
Senckenbergischen Naturforschenden Gesellschaft, Weimar

ao. Prof. Dr. Mag. Doris Nagel,
Universität Wien, Institut für Paläontologie

o. Univ.Prof. Mag. Dr. Gernot Rabeder,
Institut für Paläontologie,Universität Wien

Thomas Rathgeber,
Staatliches Museum für Naturkunde Stuttgart

Klaus Reis, Deidesheim

Dr. Wilfried Rosendahl,
Reiss-Engelhorn-Museen Mannheim

Georg Sack,
Leiter des Heimatmuseums Biebrich, Wiesbaden

Dr. Oliver Sandrock, Paläontologe
Hessisches Landesmuseum Darmstadt

Dr. Ulrich Schmölcke,
Zoologisches Institut Haustierkunde,
Christian-Albrechts-Universität zu Kiel

Dieter Schreiber,
Dipl.-Geologe,
Staatliches Museum für Naturkunde Karlsruhe

Marion Schütz,
Geschäftsstellenleiterin,
Homo heidelbergensis von Mauer e. V.,
Mauer bei Heidelberg

Shuhei Tamura, Kanagawa, Japan

Silvan Thüring, Naturmuseum Solothurn

Martin Walders,
Museum für Ur- und Ortsgeschichte (Quadrat Bottrop)

Kurt Wehrberger,
stellvertretender Direktor,
Ulmer Museum, Archäologische Sammlung, Ulm

Dr. Stefan Wenzel,
Forschungsbereich Vulkanologie, Archäologie
und Technikgeschichte des
Römisch-Germanischen Zentralmuseums Mainz, Mayen

Älteste Löwenspuren Europas in Bottrop-Welheim

12

Mosbacher Löwe
und Europäischer Höhlenlöwe

Löwenfunde in Deutschland, Österreich und der Schweiz stehen im Mittelpunkt des gleichnamigen Taschenbuches des Wiesbadener Wissenschaftsautors Ernst Probst. Allein in Deutschland kennt man mehr als 100 Fundstätten, an denen man fossile Reste von zwei verschiedenen Löwenformen aus dem Eiszeitalter (Pleistozän) barg. Die geologisch ältere und größere dieser beiden Raubkatzen ist der riesige Mosbacher Löwe (*Panthera leo fossilis*). Er wurde nach etwa 600.000 Jahre alten Funden aus dem ehemaligen Dorf Mosbach bei Wiesbaden in Hessen benannt. Dieser Mosbacher Löwe gilt mit einer Gesamtlänge von bis zu 3,60 Metern als der größte Löwe aller Zeiten in Deutschland und Europa. Seine Kopfrumpflänge betrug etwa 2,40 Meter, sein Schwanz maß weitere 1,20 Meter. Von dieser imposanten Raubkatze stammt der Europäische Höhlenlöwe (*Panthera leo spelaea*) ab, der im Eiszeitalter vor etwa 300.000 bis 10.000 Jahren in Europa lebte. Letzterer wurde nach einem Fund aus der Zoolithenhöhle von Burggaillenreuth bei Muggendorf in der Fränkischen Schweiz (Bayern) erstmals wissenschaftlich beschrieben. Insgesamt kamen dort Reste von mehr als 25 Höhlenlöwen zum Vorschein. Nirgendwo auf der Welt fand man noch mehr Knochen und Zähne von Höhlenlöwen als dort. Ernst Probst erwähnt in seinem Taschenbuch auch Funde von Säbelzahnkatzen, Jaguaren, Leoparden und Geparden in Deutschland, Österreich und der Schweiz.

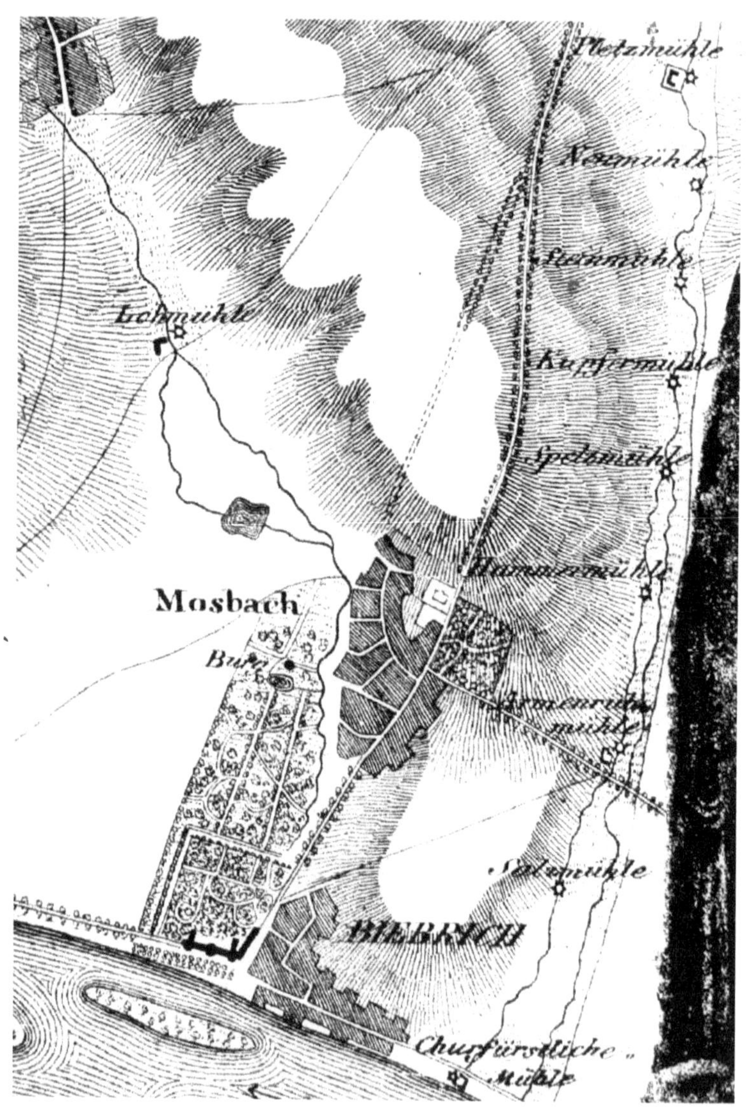

Ehemalige Dörfer Mosbach und Biebrich bei Wiesbaden auf einem Plan von 1819

Wilhelm von Reichenau (1847–1925) beschrieb 1906 den Mos-
bacher Löwen (Panthera leo fossilis). Ihm hatten Funde aus
Museen in Mainz (linker Unterkieferast und eine Elle aus Mos-
bach), Wiesbaden (eine Elle aus Mosbach), Darmstadt (linker
Unterkieferast aus Mosbach) und Frankfurt am Main (rechter
Unterkieferast aus Mosbach) sowie aus der Universität Hei-
delberg (linker Unterkieferast und ein rechter Oberkiefer-Reiß-
zahn aus Mauer bei Heidelberg) vorgelegen. Diese Funde ver-
glich er mit Resten von Höhlenlöwen aus Steeden an der Lahn
sowie von heutigen Löwen und Tigern.

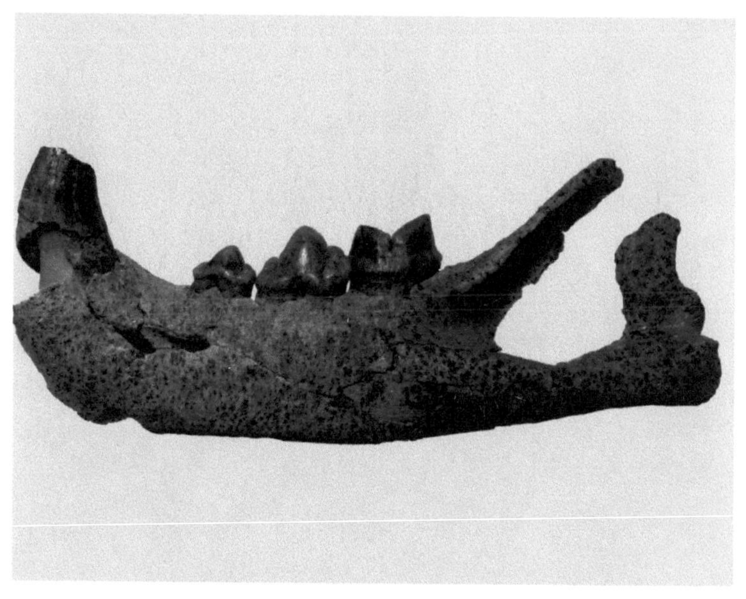

Funde vom Mosbacher Löwen aus den Mosbach-Sanden von Wiesbaden im Naturhistorischen Museum Mainz / Landessammlung für Naturkunde Rheinland-Pfalz: 20 Zentimeter langer Unterkiefer (oben) und 11,5 Zentimeter langer Eckzahn (unten)

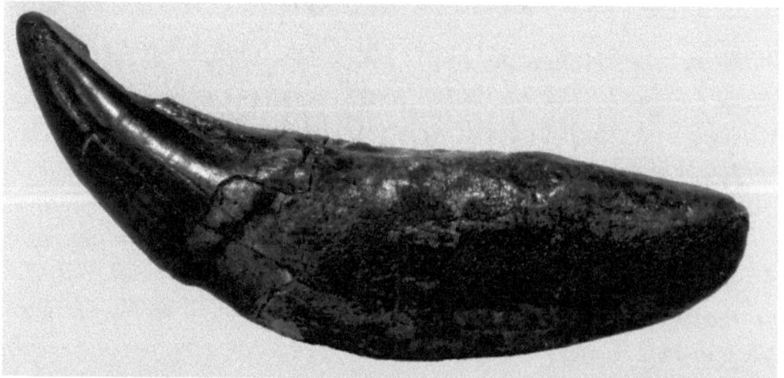

Löwenfunde in Deutschland

Funde vom Mosbacher Löwen (*Panthera leo fossilis*):

Hessen

Mosbach-Sande von Mosbach im Stadtkreis Wiesbaden: Nach Funden von dort und aus den Mauerer Sanden von Mauer bei Heidelberg ist 1906 der vor etwa 600.000 Jahren lebende Mosbacher Löwe (*Panthera leo fossilis*) von Wilhelm von Reichenau (1847–1925) beschrieben worden. Von diesem riesigen Löwen stammt der Höhlenlöwe (*Panthera leo spelaea*) ab. Reste von Mosbacher Löwen aus den Mosbach-Sanden werden im Naturhistorischen Museum Mainz, in der Universität Mainz und im Museum Wiesbaden aufbewahrt. Auf der Inventarliste des Naturhistorischen Museums Mainz sind etwa 35 Fundstücke vom Mosbacher Löwen erwähnt (einzelne Zähne, Unterkiefer, Knochen des Arm- und Beinskelettes). Ein Eckzahn (Fangzahn) ist 11,5 Zentimeter lang. Aus einem im Naturhistorischen Museum Mainz aufbewahrten Unterkieferast des Mosbacher Löwen ragt der Eckzahn fünf Zentimeter aus dem Kieferknochen. Im Museum Wiesbaden liegen ein 1904 in einer Sandgrube von Wiesbaden (Waldstraße) geborgener Eckzahn vom Mosbach-Löwen und ein weiterer aus einer Sandgrube in der Gegend von Hochheim am Main.

Baden-Württemberg

Mauerer Sande von Mauer bei Heidelberg: Löwenreste aus Mauer lagen schon 1906 bei der ersten Beschreibung des Mosbacher Löwen vor. Ein etwa 43 Zentimeter langer Oberschädel eines Mosbacher Löwen vom Fundort des etwa 630.000 Jahre alten Unterkiefers des Heidelberg-Menschen (*Homo*

Aufschluss der Mosbach-Sande in Wiesbaden (Hessen) im Jahre 2008. In den Mosbach-Sanden wurden zahlreiche fossile Reste von Tieren aus dem Eiszeitalter gefunden.

Das Dorf Mosbach bei Wiesbaden auf einem Bild von 1815

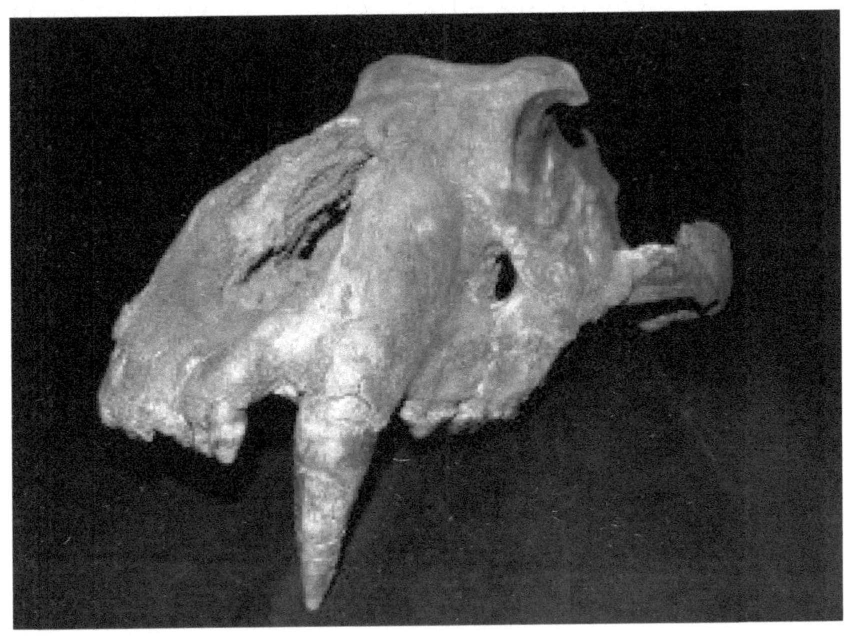

Etwa 43 Zentimeter langer Oberschädel eines Mosbacher Löwen aus Mauer bei Heidelberg. Original im Urgeschichtlichen Museum der Gemeinde Mauer

Lebensbild des Mosbacher Löwen (Panthera leo fossilis)

Der Geologe, Paläontologe und Prähistoriker Dietrich Mania
entdeckte 1969 die berühmte Fundstelle Bilzingsleben. Dort
kamen vor allem Fossilien von Frühmenschen zum Vorschein,
aber auch Reste von Löwen.

erectus heidelbergensis oder *Homo heidelbergensis*) wird im Urgeschichtlichen Museum der Gemeinde Mauer aufbewahrt.

Nordrhein-Westfalen

Dechenhöhle im Stadtteil Grüne von Iserlohn (Märkischer Kreis) im Sauerland: In der nach dem Bonner Geologen und Bergmann Ernst Heinrich Carl von Dechen (1800–1889) benannten Höhle kamen auch der Oberkiefer und Skelettreste eines Löwen zum Vorschein, die aus dem „Altpleistozän" stammen sollen. Doch die Datierung dieses Fundes ist unsicher. Der Berliner Paläontologe Wilhelm Otto Dietrich (1881–1964) hat diesen Fund als neue Unterart namens *Panthera leo brachygnathus* beschrieben. Seine Aufsatz hierüber erschien 1968 – einige Jahre nach seinem Tod. In der Dechenhöhle wurden 1994 bei der Bergung eines Schädels vom Waldnashorn (*Dicerorhinus kirchbergensis*) – vermutlich aus der Holstein-Warmzeit (etwa 330.000 bis 300.000 Jahre) – ein Eckzahnfragment und der dritte linke Mittelfußknochen eines Löwen gefunden. Alain Argant, Jacqueline Argant, Marcel Jeannet (Frankreich) und Margarita Erbajeva (Russland) erwähnten die Dechenhöhle 2007 als Fundort des Mosbacher Löwen. Die Dechenhöhle gilt als eine der schönsten und meistbesuchten Schauhöhlen Deutschlands. Sie wurde 1868 von zwei Eisenbahnarbeitern entdeckt, denen ein Hammer in einen Felsspalt gefallen war, der sich als Zugang zu einer Tropfsteinhöhle entpuppte. Bereits im Entdeckungsjahr diente sie als Schauhöhle. Neben der Höhle befindet sich seit 2006 das Deutsche Höhlenmuseum.

Thüringen

Bilzingsleben am Rand des Wippertals (Kreis Artern), weltberühmter Fundort zahlreicher Fossilien des Frühmenschen *Homo*

Lager von Frühmenschen im Eiszeitalter vor etwa 370.000 Jahren bei Bilzingsleben (Kreis Artern) in Thüringen. Zu ihren Beutetieren gehörte auch der Löwe.

erectus bilzingslebenensis aus der Zeit vor etwa 370.000 Jahren: Die Fundstelle Bilzingsleben wurde im August 1969 von dem damals 31-jährigen Aspiranten Dietrich Mania vom Geologisch-Paläontologischen Institut der Universität Halle/Saale entdeckt. Als er auf der Sohle des westlichsten Travertinsteinbruches von Bilzingsleben grub, um für seine Habilitationsarbeit über die Klimaentwicklung des Eiszeitalters einige Molluskenproben entnehmen zu können, stieß er nach Wegräumen von etwa drei Meter Gesteinsschutt auf eine Schicht voller Mollusken und einen Spatenstich tiefer auf den Fußwurzelknochen eines Elefanten und Abfallsplitter aus Feuerstein, wie sie bei der Werkzeugherstellung durch Frühmenschen entstehen. Bei Ausgrabungen von Dietrich Mania im ehemaligen Steinbruch „Steinrinne" entdeckte man unter anderem Jagdbeutereste bzw. Speiseabfälle von Frühmenschen, zu denen auch Reste von Löwen gehören. Bei den Löwenresten handelt es sich um zwei Oberkieferfragmente erwachsener Tiere, einige Milcheckzähne junger Tiere sowie Skelettfragmente erwachsener Löwen. Volker Töpfer bezeichnete die Fossilien als Reste von Höhlenlöwen. Alain Argant, Jacqueline Argant, Marcel Jeannet (Frankreich) und Margarita Erbajeva (Russland) dagegen erwähnten Bilzingsleben 2007 als Fundort des Mosbacher Löwen.

Weimar-Süßenborn: In den Kieslagern von Weimar-Süßenborn sind zahlreiche Reste von Säugetieren – wie Elefanten, Nashörner, Hirsche, Wildpferde, Raubtiere – aus dem Eiszeitalter gefunden worden. Bei den Kiesen handelt es sich um Ablagerungen der Ilm, die nach Angaben des Weimarer Paläontologen Lutz Maus etwas älter als 600.000 Jahre sind. Alain Argant, Jacqueline Argant, Marcel Jeannet (Frankreich) und Margarita Erbajeva (Russland) erwähnten Süßenborn 2007 als Fundort des Mosbacher Löwen und des Europäischen Jaguars (*Panthera onca gombaszoegensis*).

Der Arzt und Naturforscher Georg August Goldfuß (1782–1848) beschrieb 1810 den Höhlenlöwen (Panthera leo spelaea) anhand eines Schädelfundes aus der Zoolithenhöhle von Burggaillenreuth bei Muggendorf in der Fränkischen Schweiz.

Funde vom Höhlenlöwen (*Panthera leo spelaea*):

Baden-Württemberg

Aufhausener Höhle bei Geislingen an der Steige (Kreis Aalen) auf der Schwäbischen Alb: Aus der Aufhausener Höhle sind Fossilien vom Fellnashorn, von der Höhlenhyäne, vom Höhlenlöwen, Mammut und von anderen eiszeitlichen Tieren bekannt.

Bärenhöhle bei Sonnenbühl-Erpfingen (Kreis Reutlingen) auf der Schwäbischen Alb: 1834 wurde die Karlshöhle entdeckt, 1949 stieß man auf die Verbindung zur Bärenhöhle. Die Karlshöhle gilt als die erste Höhle auf der Schwäbischen Alb, in der Reste von Höhlenbären gefunden wurden. 1949/1950 hat man in der Bärenhöhle den Oberarmknochen eines erwachsenen Höhlenlöwen geborgen.

Bocksteinschmiede im Lonetal bei Rammingen (Alb-Donau-Kreis): Zum Fundgut der Bocksteinschmiede, dem Vorplatz der Höhle Bocksteinloch, gehören einige Zähne und postkraniale Skelettreste, vor allem Fingerknochen (Phalangen) vom Höhlenlöwen. Als postkranial werden alle Skelettteile unterhalb des Schädels bezeichnet. Die Funde von der Bocksteinschmiede werden in der Archäologischen Sammlung des Ulmer Museums aufbewahrt. Der Name Bocksteinschmiede beruht darauf, dass dort eine Steinschlägerwerkstätte nachgewiesen wurde.

Brühl (Rhein-Neckar-Kreis): In einer Kiesgrube des Rheintals in der Gemarkung Edingen bei Brühl unweit von Mannheim wurden am 27. September 1979 in etwa 18 Meter Tiefe Fragmente eines großen Höhlenlöwen-Schädels entdeckt. Diese Fragmente stammen aus einer lehmig-tonigen Lage, bei der es sich vermutlich um eine Flussablagerung aus dem Oberpleistozän handelt. Der Originalfund wird im Staatlichen Museum für Naturkunde Stuttgart aufbewahrt. In der Ausstellung rund um den „Löwenmenschen" aus der Höhle Hohlenstein-Stadel im Ulmer Museum ist eine Kopie des teilweise rekonstruierten Höhlenlöwen-Schädels zu sehen. Für die Rekonstruktion wurde unter anderem ein bezahnter Oberkiefer aus einer anderen Kiesgrube bei Brühl verwendet. In der Gegend von Brühl sind bereits fünf Kiesgruben bekannt, die Löwenreste geliefert haben.

Göpfelsteinhöhle bei Veringenstadt (Kreis Sigmaringen): In dieser Höhle wurden Reste zahlreicher Raubtiere (Höhlenhyäne, Höhlenbär, Wolf, Vielfraß, Steppeniltis, Höhlenlöwe) und Pflanzenfresser (Wildpferd, Fellnashorn, Rentier, Mammut, Steppenbison, Riesenhirsch, Steinbock) entdeckt.

Große Grotte im Blautal bei Blaubeuren (Alb-Donau-Kreis): Zum Fundgut dieser Grotte gehören neben vielen Resten von Höhlenbären auch drei Fossilien vom Höhlenlöwen.

Gutenberg-Höhle bei Lenningen im Ortsteil Gutenberg (Kreis Esslingen) auf der Schwäbischen Alb: Die Gutenberg-Höhle wurde 1888/1889 bei Grabungen in ihrer Eingangshalle, dem so genannten Heppenloch, entdeckt. Der Name der Gutenberg-Höhle erinnert an den Wirkungsort von Pfarrer Karl Gußmann (1853–1928) aus Gutenberg, der Vorstand des im August 1889 gegründeten „Schwäbischen Höhlenvereins" war. Zur so genannten „Heppenloch-Fauna" gehören Höhlenbär, Braunbär, Höhlenlöwe, Wildpferd, Steppennashorn, Wildschwein, Rothirsch, Damhirsch, Reh und Affe. Alain Argant, Jacqueline Argant, Marcel Jeannet (Frankreich) und Margarita Erbajeva (Russland) erwähnten das Heppenloch 2007 als Fundort des Mosbacher Löwen.

Heitersheim (Kreis Breisgau-Hochschwarzwald): 1922 wurde

in den „Mitteilungen des Grossherzogtums der Badenischen Geologischen Landesanstalt" ein Höhlenlöwenfossil aus dem Löss von Heitersheim bekannt gemacht.

Hohlenstein-Stadel im Lonetal bei Asselfingen (Alb-Donau-Kreis): In Schichten aus dem Mittelpaläolithikum (etwa 125.000 bis 35.000 Jahre) und dem Jungpaläolithikum (ungefähr 35.000 bis 10.000 Jahre) des Hohlenstein-Stadel befanden sich Zähne und postkraniale Skelettreste vom Höhlenlöwen. Diese Funde werden in der Archäologischen Sammlung des Ulmer Museums aufbewahrt. In diesem Museum ist auch die vor etwa 32.000 Jahren aus Mammutelfenbein geschnitzte Figur des so genannten „Löwenmenschen" aus dem Hohlenstein-Stadel zu bewundern.

Huttenheim, ein Stadtteil von Philippsburg im Kreis Karlsruhe: In einer Kiesgrube im Rheintal bei Huttenheim kam am 5. Juni 1973 das Teilskelett eines Höhlenlöwen zum Vorschein. Es gilt als einer der besten Skelettfunde von *Panthera leo spelaea* in Deutschland. Insgesamt sind 36 Knochen aus allen Körperregionen vorhanden. Der Oberschädel dieses Höhlenlöwen ist 36,7 Zentimeter lang. Das Teilskelett aus der Gegend von Huttenheim wird im Staatlichen Museum für Naturkunde Stuttgart aufbewahrt.

Kogelstein bei Blaubeuren (Alb-Donau-Kreis): In der Gegend der kleinen Höhle am Kogelstein konkurrierten in der Würm-Eiszeit vor etwa 50.000 Jahren Neandertaler mit Hyänen und anderen Raubtieren um Jagdbeute. Herdentiere wie Rentier, Wildpferd oder Mammut mussten auf dem Weg zur Tränke am Schmiechener See eine Engstelle beim Kogelstein passieren. Vom Fundort Kogelstein soll der Speichenknochen eines Höhlenlöwen stammen. Dieses Fossil könnte aber auch von einem anderen Fundort stammen.

Rekonstruktion des Steinheim-Menschen (Homo steinhei-mensis): Dabei handelt es sich um eine Frau, deren etwa 300.000 Jahre alter Schädel 1933 in Steinheim an der Murr entdeckt wurde.

Steinheim an der Murr (Kreis Ludwigsburg): Im Tal zwischen Steinheim und dem Fluss Murr hat man lange Zeit fossilreiche Kiese und Sande abgebaut, die im Eiszeitalter von Murr und Bottwar abgelagert worden sind. Als erster aufsehenerregender Fund kam dort im Sommer 1910 das fast vollständige Skelett eines Steppenelefanten zum Vorschein. Weltweit bekannt wurde Steinheim durch den am 24. Juli 1933 entdeckten etwa 300.000 Jahre alten Schädel des Steinheim-Menschen (*Homo steinheimensis*). Die Löwenreste aus dem unteren und oberen Teil der Schotter von Steinheim an der Murr könnten von frühen Höhlenlöwen oder deren Vorgängern stammen. Nach Auskunft von Thomas Rathgeber vom Staatlichen Museum für Naturkunde Stuttgart handelt es sich bei den Löwenresten aus Steinheim an der Murr um „ein Schädelfragment, zwei Unterkieferäste (darunter das im Urmensch-Museum in Steinheim präsentierte Schaustück), einzelne Eckzähne, wenige Langknochenfragmente, wenige Reste des distalen Extremitäten-Skeletts". Diese Löwenreste wurden im Gebiet der Kiesgruben von Steinheim an der Murr vor allem in den 1920-er und 1930-er Jahren gefunden, weitere in den 1950-er Jahren.

Stuttgart-Bad Cannstatt: Der erste Fund von Löwenresten in Württemberg glückte im Jahre 1700 bei der von Herzog Eberhard Ludwig (1676–1733) befohlenen Mammutgrabung in Cannstatt nahe der Uffkirche. Dabei handelte es sich um einige Zähne und zwei Zehenglieder vom Höhlenlöwen. Zu Beginn des 19. Jahrhunderts kamen einige Löwenfossilien vom Seelberg in Cannstatt dazu. Letztere wurden von Georg Friedrich von Jäger (1785–1866) in seinem Werk über die fossilen Säugetiere Württembergs abgebildet.

Stuttgart-Untertürkheim: Im Travertin-Steinbruch Biedermann in Stuttgart-Untertürkheim kamen zahlreiche Knochenreste von Höhlenlöwen aus der Eem-Warmzeit (etwa 127.000 bis 115.000 Jahre) zum Vorschein.
Im Dezember 1928 und im Januar 1929 wurden in der „Steppennagerschicht" Skelettteile vom Höhlenlöwen geborgen. Weitere Reste vom Höhlenlöwen übergab der Steinbruchbesitzer Hermann Biedermann (1901–1964) am 22. Mai 1929 dem Stuttgarter Museum. An diesen Knochen sind keine Bissspuren von Höhlenhyänen zu erkennen. Sie stammen also nicht vom Hyänenfressplatz aus der „Steppennagerschicht" von Stuttgart-Untertürkheim.
1929 wurde im Unteren Travertin des Steinbruches Biedermann der „Baumstammschlot S1" entdeckt. Er hatte eine Höhe von

etwa 1,50 Metern und einen Durchmesser im oberen Bereich von etwa 0,65 Meter. Unter dem Stamm, etlichen Zweigen, Blättern und Wurzeln befand sich ein großer, waagrechter Hohlraum mit Flussgeröllen sowie mit Tierresten. Die Tierknochen stammen von Amphibien (Erdkröte, Wasserfrosch), Reptilien (Eidechse, Ringelnatter), Vögeln (Gans), Säugetieren (Igel, Maulwurf, Hase, Feldmaus, Erdmaus, Rothirsch, Nashorn, Höhlenlöwe). Vom Höhlenlöwen sind Teile des Schädels, des Unterkiefers, Zähne und ein Schwanzwirbel erhalten geblieben. Es handelte sich um ein Jungtier mit einem Alter von ein bis zwei Monaten, bei dem noch nicht alle Milchzähne durchgebrochen waren. Werkzeuge mit Schlagspuren und ein Rothirsch-Unterkieferbruchstück mit Schnittspuren belegen menschliche Aktivitäten in der Umgebung von „Baumstammschlot S1".

1930 stieß man in der Nordwestwand des Travertinsteinbruches Biedermann auf den „Baumstammschlot S2". Er enthielt neben Resten vom Riesenhirsch, Reh, Rothirsch, Auerochsen oder Wisent auch Teile des Beckens und ein Fersenbein von einem Höhlenlöwen. Schnittspuren an einem Fersenbein vom Riesenhirsch verraten, dass Menschen zumindest in der Nähe waren. Unklar ist, ob der Großteil der Knochen größerer Säugetiere durch Menschen oder Tiere in den Baumstamm-Hohlraum gebracht wurden.

Eine Neuinventarisation der Löwenfossilien aus Stuttgart-Untertürkheim in den Jahren 1994 und 1995 im Staatlichen Museum für Naturkunde Stuttgart erfasste 53 Positionen. Entdecker dieser Höhlenlöwenreste waren der Steinbruchbesitzer Hermann Biedermann und der Stuttgarter Paläontologe Fritz Berckhemer (1890–1954).

Stuttgart-Zuffenhausen: Der Stuttgarter Paläontologe Fritz Berckhemer erwähnte 1927 unveröffentlichte württembergische Löwenfunde aus den Sanden von Renningen und Neckarems sowie aus dem Löss von Zuffenhausen.

Sibyllenhöhle (auch Sibyllenloch) auf der Teck (Kreis Esslingen): Zum rund 10.000 Objekte umfassenden Fundgut der in einer Felswand am Teckberg hoch über der Stadt Owen gelegenen Höhle gehören neben schätzungsweise 2000 Höhlenbärenresten auch 73 Höhlenlöwen-Fossilien, die von vier Tieren stammen sollen. Thomas Rathgeber und Achim Lehmkuhl schrieben in einem Aufsatz über die Sibyllenhöhle: „ Ein gewaltiges Exemplar des Höhlenlöwen lieferte eine nachträgliche Bestätigung des furchterregenden „Burria", den David Friedrich Weinland (1829–1915) vorausschauend bereits 1878 in seinem Roman „Rulaman" auf der Schwäbischen Alb angesiedelt hatte." Die Sybillenhöhle ist schon 1531 von Schatzgräbern aufgesucht worden. Der Name dieser Höhle erinnert an die so genannte „Sibylla von der Teck", die einst darin gewohnt haben soll.

Bayern

Bärenhöhle bei Neukirchen-Lockenricht (Kreis Amberg-Sulzbach) nahe Sulzbach-Rosenberg in der Oberpfalz: Die Bärenhöhle bei Lockenricht wurde bereits 1967 in einer Publikation des Nürnberger Gymnasialprofessors und Höhlenforschers Fritz Huber (1903–1984) als Höhlenlöwen-Fundort erwähnt. Er hatte diesen Hinweis von dem Nürnberger Kartographen und Höhlenforscher Richard Spöcker (1897–1975) erhalten. Im Oktober 1976 entdeckte man im linken hinteren Teil der Bärenhöhle eine Fortsetzung. Dort gab es einen engen, mit nassem Lehm gefüllten Anstieg und einen engen Durchschlupf, dem unmittelbar eine fossilführende Schicht folgte. Neben Zähnen und Extremitätenknochen vom Höhlenbär konnte auch ein Kieferfragment vom Höhlenlöwen geborgen werden.

Breitenfurter Höhle in Breitenfurt (Kreis Eichstätt) in Oberbayern: Die Breitenfurter Höhle (auch Pulverhöhle oder Gampelberghöhle genannt) wurde 1911 entdeckt, als der Breitenfurter Hauptschullehrer Wohlmuth auf dem Höhlenvorplatz eine kleine Terrasse mit Vorgärtchen anlegte. Der Baumeister und Heimatforscher Carl Gumpert (1878–1955) aus Ansbach führte 1949/1950 Grabungen durch. 1982 folgten Nachuntersuchungen durch das Bayerische Landesamt für Denkmalpflege. Zum Fundgut aus der Breitenfurter Höhle gehören mehr als 10.000 Tierknochen, Steinwerkzeuge und Keramikreste aus unterschiedlichen Zeiten. Die Tierreste stammen vom Mammut, Rentier, Fellnashorn, Steinbock, Höhlenbär, der Höhlenhyäne und vom Höhlenlöwen. Im Geozentrum Nordbayern, Fachgruppe PaläoUmwelt, Erlangen (ehemals: Institut für Paläontologie), werden ein Zahn, ein rechtes Schienbeinfragment, ein Handwurzelknochen und zwei Fußwurzelknochen vom Höhlenlöwen aufbewahrt.

Breitenwinner Höhle bei Velburg (Kreis Neumarkt) in der Oberpfalz: Über einen Besuch von 25 Bürgern aus Amberg mit Leitern, Schnüren zur Wegmarkierung, Laternen, Feuerzeug, Pickel, Brot und Wein in der Breitenwinner Höhle anno 1535 hat der Rentmeister Berthold Puchner aus Amberg einen Bericht verfasst. Eine „Innere Abbildung der Berghöhle bey Bredenwinde in der oberen Pfalz" war 1786 in der Publikation „Churpfalzisches Intelligenzblatt" zu sehen. Nach dem Zweiten Weltkrieg geriet die Höhle fast in Vergessenheit, weil sie inmitten des Truppenübungsplatzes Hohenfels lag und nicht mehr zugänglich war. 1926 wurde die Breitenwinner Höhle von dem Münchner Paläontologen Max Schlosser (1854–1933) als Fundort von Resten mehrerer Höhlenlöwen erwähnt.

Buchberghöhle bei Münster (Kreis Straubing-Bogen) nördlich von Straubing in Niederbayern: Die damals bereits zum größten Teil zerstörte Höhle am Buchberg bei Münster wurde 1920 durch den Münchner Prähistoriker Ferdinand Birkner (1868–1944) untersucht. In dieser Höhle hatten sich Neandertaler aufgehalten. Die Buchberghöhle wurde 1926 von Max Schlosser als Höhlenlöwen-Fundort erwähnt.

Fuchsenloch bei Siegmannsbrunn (Kreis Bayreuth) unweit von Pottenstein in Oberfranken: In der etwa 7,40 Meter langen, rund sieben Meter breiten und bis zu 2,70 Meter hohen Höhle Fuchsenloch führte 1938 der erwähnte Heimatforscher Karl Gumpert Grabungen durch. 1949 folgten Nachgrabungen des Nürnberger Uhrmachermeisters, Feinmechanikers und Heimatforschers Georg Brunner (1887–1959). Die Fauna aus dem Fuchsenloch wurde 1955 durch den Erlanger Paläontologen Florian Heller (1905–1978) publiziert. Außer Siedlungsresten aus der Steinzeit, Eisenzeit und dem Mittelalter hat man auch Fossilien vom Höhlenlöwen geborgen: ein Eckzahnfragment, einen Eckzahn, ein Kieferfragment, einen Schädelrest und einen fragmentarischen Oberarmknochen.

Geisloch bei Oberfellendorf im Markt Wiesenttal-Muggendorf (Kreis Forchheim) in Oberfranken: Aus dem Geisloch holten Alchimisten ab 1630 gelben Höhlenlehm und Tropfsteine, um daraus – wie sie vergeblich hofften – Gold oder Salpeter zur Schießpulverherstellung zu gewinnen. Im Geisloch wurde das rechte Unterkieferfragment eines Höhlenlöwen gefunden.

Gentner-Höhle von Weidelwang bei Pegnitz (Kreis Bayreuth) in Oberfranken: Bei Felssprengungen im Zuge eines Straßenbaus wurde 1932 eine kleine Höhle freigelegt, in der Höhenbärenknochen sowie Schädel- und Skelettreste eines Höhlenlöwen zum Vorschein kamen: ein fast vollständiger Schädel mit zwei zahnlosen Unterkieferästen, einige Extremitätenknochen, Wirbel und Fußknochen, die alle von einem einzigen Höhlenlöwen stammen. Dieser Fund wird im Geozentrum Nordbayern, Fachgruppe PaläoUmwelt, in Erlangen aufbewahrt. Die Gentnerhöhle ist nach dem damaligen Bürgermeister von Pegnitz, Hans Gentner (1877–1953), benannt.

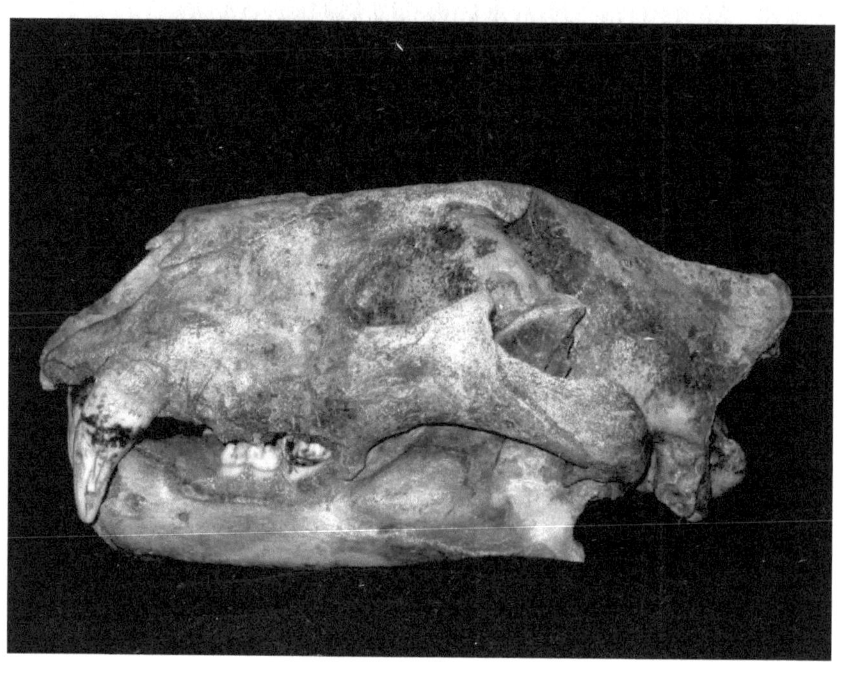

Schädelfund eines Höhlenlöwen aus der Gentnerhöhle von Weidelwang bei Pegnitz in Oberfranken aus dem Jahre 1932. Länge: 33 Zentimeter. Original im Geozentrum Nordbayern, Fachgruppe PaläoUmwelt, Erlangen (früher Institut für Paläontologie der Universität Erlangen-Nürnberg)

Goldberg bei Nördlingen (Kreis Donau-Ries): Bei Ausgrabungen des Landesamtes für Denkmalpflege auf dem Goldberg kam 1927 in einer Hohlraumfüllung der linke Unterkiefer eines Höhlenlöwen mit vollständiger Bezahnung zum Vorschein.

Große Ofnet bei Nördlingen-Holheim (Kreis Donau-Ries) in Schwaben: Die Große Ofnethöhle wurde 1912 von den Paläontologen Robert Rudolf Schmidt (1862–1950) und Ernst Koken (1860–1912) als Höhlenlöwen-Fundort erwähnt.

Großes Hasenloch im Oberen Püttlachtal bei Pottenstein (Kreis Bayreuth) in Oberfranken: In der Höhle Großes Hasenloch in der Fränkischen Schweiz fanden 1876 erste und 1937 letzte wissenschaftliche Grabungen statt. Das Große Hasenloch diente Jägern in der Altsteinzeit als Aufenthaltsort. Knochenfunde aus der Höhle belegen, dass in dieser Gegend Mammute, Rentiere, Steinböcke, Höhlenbären, Fellnashörner und Höhlenlöwen lebten.

Großes Schulerloch (Kreis Kelheim) in Niederbayern: In der Höhle Großes Schulerloch bei Kelheim hat in den Jahren 1914 und 1915 der Münchner Prähistoriker Ferdinand Birkner gegraben. Zum Fundgut aus dieser Höhle gehören Werkzeuge von Neandertalern und Reste vom Höhlenlöwen. Die Originale werden in der Bayerischen Staatssammlung für Paläontologie und Geologie in München aufbewahrt.

Höhle am Gerlesberg bei Donauwörth (Kreis Donau-Ries) in Schwaben: Der Erlanger Paläontologe Florian Heller erwähnte 1975 in einer Publikation die Höhle am Gerlesberg bei Donauwörth als bisher unveröffentlichten Höhlenlöwen-Fundort.

Höhle in der Waldabteilung Hochgereut bei Kelheim (Kreis Kelheim): Der Münchner Paläontologe Max Schlosser erwähnte 1926 die Höhle in der Waldabteilung Hochgereut bei Kelheim

als Fundort eines Kieferfragments von einem kleinen Höhlenlöwen.

Hohler Fels bei Happurg (Kreis Nürnberger Land) in Mittelfranken: Bei der Höhle Hohler Fels handelt es sich um eine
Karsthöhle in etwa 530 Meter Höhe unterhalb des Gipfels des
617 Meter hohen Berges Houbirg. Die etwa 16 Meter lange
Höhle steht wegen ihrer Funde aus der Steinzeit und Urnen-
felderzeit in der Bayerischen Denkmalliste. Bereits 1913 wurde diese Höhle von dem Nürnberger Amateur-Archäologen
Konrad Hörmann (1859–1933) als Höhlenlöwen-Fundort erwähnt.

Kemnathenhöhle bei Kemathen (Kreis Eichstätt) im Altmühltal
in Oberbayern: In der Kemathenhöhle wurde der Eckzahn eines Höhlenlöwen gefunden. Nach Ansicht von Adolf Wagner
handelt es sich vermutlich um dem Zahn einer Höhlenlöwin.

Kirchenweghöhle oder Krämershöhle bei Oberfellendorf (Kreis
Forchheim) in Oberfranken: Der Erlanger Paläontologe Florian Heller erwähnte 1975 in einer Publikation zwei Unterkiefer
von Höhlenlöwen aus der Kirchenweghöhle oder Krämershöhle
bei Oberfellendorf. Diese Funde sollen im Heimatmuseum von
Ebermannstadt aufbewahrt gewesen sein.

Langental im Markt Wiesenttal (Kreis Forchheim) in Oberfranken: Das Kalktufflager im Langental bei Streitberg wurde bereits 1893 von Fridolin Sandberger (1826–1898) in einer Publikation als Höhlenlöwen-Fundort erwähnt. Der Markt Wiesen-
tal besteht aus Muggendorf und Streitberg.

Moggaster Höhle in Ebermannstadt (Kreis Forchheim) in Oberfranken: Die erste Beschreibung der Moggaster Höhle erfolgte
vermutlich 1774 durch den evangelischen Pfarrer Johann Friedrich Esper (1732–1781) aus Uttenreuth bei Erlangen in seinem

Werk „Ausführliche Nachrichten von neuentdeckten Zoolithen unbekannter vierfüssiger Thiere, und denen sie enthaltenen, so wie verschiedenen anderen, denkwürdigen Grüften der Obergebürgischen Lande des Marggrafenthums Bayreuth". Da er nicht von Erstentdeckung schrieb, dürfte die Höhle schon vorher bekannt gewesen sein. In der Moggaster Höhle sind neben Fossilien von Höhlenbären und Hirschen auch Reste von Höhlenlöwen gefunden worden. Der Erlanger Paläontolologe Florian Heller (1905–1978) erwähnte 1975 folgende Funde, deren Verbleib derzeit nicht bekannt ist: ein Unterkiefer, ein Schulterblatt, eine Elle, zwei Speichen, zwei Beckenfragmente, ein Oberschenkelknochen, fünf Mittelhandknochen, zwei Mittelfußknochen, zwei Fußwurzelknochen, sieben Fingerknochen, ein erster Halswirbel, 16 Wirbel und einige Handwurzelknochen. Adolf Wagner publizierte 1980 einen weiteren Unterkieferfund, dessen Aufbewahrungsort unbekannt ist. Ein fragmentarisch erhaltener Schädel, ein Unterkiefer, ein Kieferbruchstück, drei Vorbackenzähne, zwei Eckzähne, drei Wirbel, ein Oberarmknochen, ein Schienbein, ein Fußwurzelknochen, zwei Mittelhandknochen und sechs Fingerknochen werden in der Universität Erlangen aufbewahrt oder befinden sich in Privatbesitz. Alain Argant, Jacqueline Argant, Marcel Jeannet (Frankreich) und Margarita Erbajeva (Russland) erwähnten die Moggaster Höhle 2007 als Fundort des Mosbacher Löwen.

Höhle im Steinbruch Lobsing bei Neustadt/Donau (Kreis Kelheim) in Niederbayern: Der Erlanger Paläontologe Florian Heller erwähnte 1960 in einer Publikation den Eckzahn eines Höhlenlöwen aus der Höhle im Steinbruch Lobsing bei Neustadt/Donau.

Petershöhle bei Velden im Viehtriftberg (Kreis Nürnberger Land): Die Petershöhle bei Velden wurde nach ihrem Entdekker, dem damals in Nürnberg lebenden Chemiker und Ingenieur Kuno Peters, benannt. Dieser hatte bei Streifzügen mit seinem

Rekonstruktion des 1975 bei Siegsdorf (Kreis Traunstein) in Oberbayern entdeckten Höhlenlöwen im Naturkunde- und Mammut-Museum Siegsdorf

Vater, der wiederholt Urlaub in Velden machte, 1907 den Eingang zur Höhle entdeckt. Er informierte die Naturhistorische Gesellschaft zu Nürnberg davon. Von 1914 bis 1918 untersuchte der Nürnberger Amateur-Archäologe Konrad Hörmann (1859–1933) die Höhle. In der Petershöhle bei Velden wurden 21 Reste von Höhlenlöwen gefunden. Darunter sind ein vollständig erhaltener Unterkiefer, ein Unterkiefer mit abgebrochenen Zähnen, eine Oberkieferhälfte, ein Halswirbel, drei Lendenwirbel, ein zerbrochener fragmentarischer Oberarmknochen, ein Sprungbein, drei Mittelhandknochen, fünf Mittelfußknochen, zwei Fersenbeine und zwei Fingerknochen. Die Höhlenlöwen-Fossilien aus der Petershöhle werden in der Sammlung der Naturhistorischen Gesellschaft Nürnberg aufbewahrt. In der Petershöhle bei Velden ist auch der Leopard nachgewiesen.

Räuberhöhle am Schelmengraben bei Waltenhofen unweit von Sinzing (Kreis Kelheim) in Niederbayern: Die Räuberhöhle oder Waltenhofer Höhle befindet sich an der Südseite der Bahnlinie Regensburg–Nürnberg. Sie wurde schon 1872 in einer Publikation des Paläontologen und Geologen Karl Alfred von Zittel (1839–1904) als Höhlenlöwen-Fundort erwähnt.

St. Wolfgangshöhle bei Velburg (Kreis Neumarkt) in der Oberpfalz: Ein Zehenglied von einem Höhlenlöwen aus der St. Wolfgangshöhle bei Velburg wurde schon 1899 von dem Münchner Paläontologen Max Schlosser in einer Publikation erwähnt.

Siegsdorf (Kreis Traunstein) im Chiemgau in Oberbayern: Diese Fundstelle wurde im Sommer 1975 von den Schülern Bernard Bredow und Robert Omelanowski entdeckt. Sie stießen im tonigen Untergrund eines Bachbettes im Gerhartsreiter Graben auf Mammutknochen und bargen nach mehrwöchiger Ausgrabung etwa die Hälfte eines Mammutskelettes. Bei Grabungen unter einem hohen Steilhang ab 1985 kam die fehlende Hälfte des

Mammuts zum Vorschein. 1986 gelang der Fund eines Höhlenlöwen-Skeletts mit einer Kopfrumpflänge von etwa 2,10 Metern und einer Schulterhöhe von etwa 1,20 Metern. Dieser Fund stellt im Naturkunde- und Mammut-Museum Siegsdorf zusammen mit dem Mammut eine der Attraktionen dar. Die Datierung dieses Höhlenlöwen-Skeletts mit der Radiocarbon-Methode ergab ein Alter von etwa 47.000 Jahren. Der Höhlenlöwe von Siegsdorf wurde bald nach seinem Tod in Ablagerungen einer ehemaligen Tränke eingebettet und somit unter Luftabschluss vor Zerstörung bewahrt. Zur Tierwelt von Siegsdorf gehörten auch Wolf, Fellnashorn, Riesenhirsch, Bison und – worauf Koprolithen und viele Bissspuren auf Mammutknochen hindeuten – die Höhlenhyäne.

Sophienhöhle bzw. Klaussteinhöhlen-Komplex im Ailsbachtal bei der Gemeinde Ahorntal (Kreis Bayreuth) nahe Burg Rabenstein unweit von Waischenfeld in der Fränkischen Schweiz: Das Ailsbachtal hat die größte Höhlendichte in der Fränkischen Schweiz. In diesem Tal liegt auch die Sophienhöhle, die zusammen mit dem Ahornloch, der Klaussteinhöhle und der Höschhöhle ein zusammenhängendes Höhlensystem bildet, das man Klaussteinhöhlen-Komplex nennt. Schon seit langer Zeit ist das Eingangsportal des Höhlen-Komplexes, das Ahornloch, bekannt. Sein Name erinnert an das adlige Geschlecht derer von und zu Ahorn, die als erste bekannte Herrscher des Ahorntals gelten und über dem Ahornloch in der Burg Klausstein lebten. Der Name Klaussteinhöhle beruht auf der darüberliegenden Klaussteinkapelle. Dort stand einst auch eine Burg, die aber abgerissen wurde. Ahornloch und Klaussteinhöhle waren jahrtausendelang zugänglich, bis ihre niedrigen Verbindungsgänge durch Ablagerungen und Frostabbrüche vollständig aufgefüllt und deswegen dahinterliegende Höhlenbereiche vergessen wurden. 1788 entdeckte man bei Grabungen im hinteren Teil des Ahornlochs die Klaussteinhöhle wieder. Im Februar 1833 stieß der Kunstgärtner Michael Koch, der im Auftrag von Reichsrat

Franz Erwein Graf von Schönborn-Wiesentheid, Erweiterungen in dessen Höhle durchführte, auf die Sophienhöhle. Der Graf besuchte am 21. Juni 1833 mit seinem ältesten Sohn Erwin und dessen Frau Sophie (geborene Gräfin zu Eltz) die Höhle und benannte sie nach seiner Schwiegertochter. Im August 1837 entdeckte der Müller Christoph Hösch von der nahen Neumühle eine weitere Höhle, die seinen Namen erhielt. Bei Grabungen in der Sophienhöhle in den Jahren 1905 und 1906 kamen Reste von Höhlenbären, Höhlenhyänen und Höhlenlöwen zum Vorschein. Knochengeräte sowie wohlerhaltene Schädel vom Höhlenbären und Höhlenlöwen sollen auch in der Höschhöhle gefunden worden sein.

Steinberg-Höhlenruine oberhalb des Weilers Hunas bei Hartmannshof (Kreis Nürnberger Land) in Mittelfranken: Die Höhlenruine am Osthang des Steinberges von Hunas wurde im Mai 1956 von dem Erlanger Paläontologen Florian Heller entdeckt. Dabei handelt es sich um eine verschüttete und vergessene Höhle, die erst wieder zum Vorschein kam, als ihre lockere Verfüllung durch einen Steinbruchbetrieb angeschnitten wurde. Heller begann noch im Herbst 1956 umfangreiche Ausgrabungen, die er erst im Sommer 1964 ab-schloss. 1983 folgten Grabungen mit neuen verbesserten Methoden. Seit 2006 leitet die Paläontologin Brigitte Hilpert aus Erlangen die Grabungen. Die bisherigen Untersuchungen zeigen, dass die Verfüllung aus einer rund zwölf Meter mächtigen Schichtenfolge besteht, die von einem Sinterboden unterlagert wird. Möglicherweise gehört die Schichtenfolge in das frühe Würm. Zu den aus der Höhle von Hunas nachgewiesenen mehr als 140 Tierarten gehören auch Höhlenbär, Höhlenhyäne und Höhlenlöwe. Besonders wertvoll sind Zähne und Skelettreste von mehreren Affen und der Weisheitszahn eines Neandertalers. Alain Argant, Jacqueline Argant, Marcel Jeannet (Frankreich) und Margarita Erbajeva (Russland) erwähnten Hunas 2007 als Fundort des Mosbacher Löwen, was von manchen Paläontologen bezweifelt wird.

*Eingang zur Zoolithen-Höhle im Wiesenttal von Burggaillen-
reuth bei Muggendorf (Kreis Forchheim) in der Fränkischen
Schweiz (Oberfranken). In dieser Höhle barg man zahlreiche
Reste von Höhlenlöwen und Höhlenbären.*

Weinberghöhlen im Wellheimer Tal (Urdonautal) bei Mauern (Kreis Neuburg-Schrobenhausen) in Oberbayern: 1935 erkannte der Lehrer und Kreisheimatpfleger Michael Eckstein (1903–1987) die Bedeutung der Weinberghöhlen bei Mauern als Fundplatz aus der Altsteinzeit. In der Folgezeit fanden mehrere Ausgrabungen statt. In den „Mauerner Höhlen" fand man Reste vom Mammut, Fellnashorn, Rentier, Riesenhirsch, Wildpferd, Steinbock, Höhlenbär, Höhlenlöwen (Unterkieferast), der Höhlenhyäne, Werkzeuge von Neandertalen sowie Steinklingen, Schmuckstücke und eine umstrittene rot eingefärbte „Venusfigur" („Rote von Mauern") von Jetztmenschen aus der Kulturstufe des Gravettien (etwa 28.000 bis 21.000 Jahre).

Zoolithen-Höhle oder Gaillenreuther Höhle im Wiesenttal von Burggaillenreuth bei Muggendorf (Kreis Forchheim) in der Fränkischen Schweiz (Oberfranken): Nach einem Schädelfund aus der Zoolithenhöhle hat 1810 der Arzt und Paläontologe Georg August Goldfuß (1782–1848) den Höhlenlöwen (Panthera leo spelaea) beschrieben. Als Zoolithen (griechisch: zoon = Tier, lithos = Stein) wurden früher Fossilfunde bezeichnet. Nirgendwo sind mehr Höhlenlöwen entdeckt worden als in der Zoolithenhöhle. Insgesamt kamen dort Fossilien von mehr als 25 Höhlenlöwen zum Vorschein. Höhlenlöwen-Reste aus der Zoolithenhöhle befinden sich im Museum für Naturkunde Berlin der Humboldt-Universität (Typusexemplar), in der Universität Erlangen-Nürnberg, im Oberfränkischen Erdgeschichtlichen Museum in Bayreuth und in Privatsammlungen. Zum Fundgut aus der Zoolithenhöhle gehören auch Fossilien vom Höhlenbär, der Höhlenhyäne, vom Leopard (zwei linke Unterkiefer und einige Skelettreste), Luchs, der Wildkatze und vielen anderen eiszeitliche Tieren.

*Eingang zur Zoolithen-Höhle im Wiesenttal von Burggaillen-
reuth bei Muggendorf (Kreis Forchheim) in der Fränkischen
Schweiz (Oberfranken) auf einer alten Zeichnung. Anhand von
Funden aus dieser Höhle wurden der Höhlenlöwe, der Höhlenbär und die Höhlenhyäne erstmals wissenschaftlich beschrieben.*

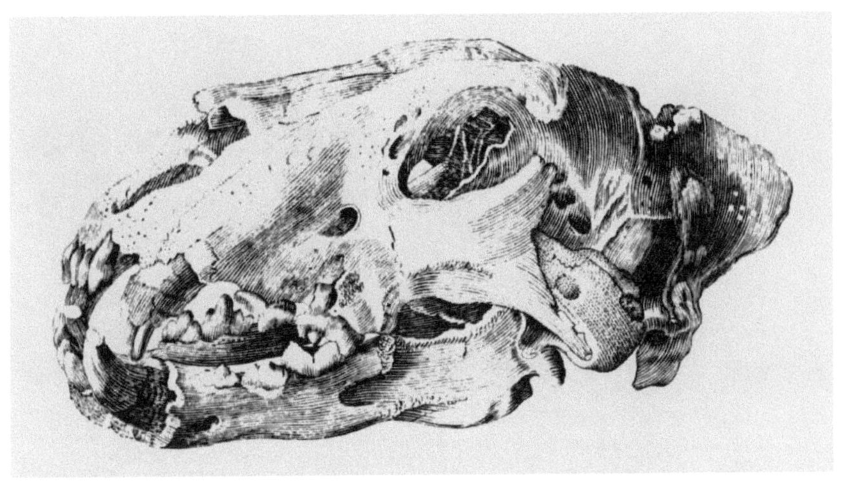

Zeichnung des Originalfundes aus der Zoolithenhöhle von Burggaillenreuth bei Muggendorf in der Fränkischen Schweiz (Bayern), nach dem der Europäische Höhlenlöwe (Panthera leo spelaea) 1810 erstmals beschrieben worden ist. Dieser so genannte Holotyp wird im Museum für Naturkunde Berlin der Humboldt-Universität aufbewahrt.

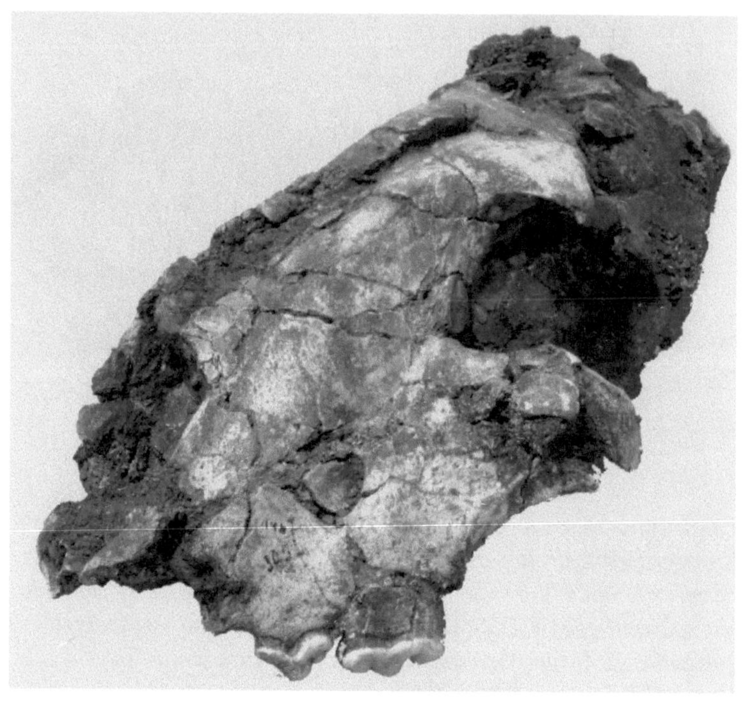

Stark verdrückter Schädel eines Höhlenlöwen aus Wallert-heim (Kreis Alzey-Worms) in Rheinhessen. Original im Natur-historischen Museum Mainz / Landessammlung für Naturkun-de Rheinland-Pfalz

46

Rheinland-Pfalz

Roxheim nördlich Frankenthal (Rhein-Pfalz-Kreis): In oberpleistozänen Rheinkiesen der Kieswerke Gebr. Willersinn in Roxheim nördlich von Frankenthal wurden ein kompletter Oberschädel und ein isolierter Backenzahn vom Höhlenlöwen geborgen. Der Oberschädel befindet sich in der Sammlung von Klaus Reis in Deidesheim, der Zahn in der Sammlung von Ulrich H. J. Heidtke in Niederkirchen (Pfalz).

Schweinskopf-Karmelenberg im Brohltal (Kreis Ahrweiler) nördlich des Laacher Sees in der Osteifel: Vom Vulkan Schweinskopf stammen einige Reste vom Höhlenlöwen (Zahnfragmente und einige Knochen des postcranialen Skelettes). Das Alter dieser Funde liegt bei etwa 180.000 bis 125.000 Jahren, was der vorletzten Kaltzeit (Saale-Eiszeit bzw. Riss-Eiszeit) entspricht.

Wallertheim (Kreis Alzey-Worms) in Rheinhessen: Die Fundstelle Wallertheim in der Ziegelei Schick wurde in den 1920-er Jahren durch den Zoologen und Direktor des Naturhistorischen Museums Mainz, Otto Schmittgen (1870–1938), ausgegraben. Im ehemaligen Sumpfgebiet von Wallertheim hat man die meisten Jagdbeutereste von Wisenten in Deutschland zur Zeit der späten Neandertaler vor etwa 70.000 Jahren entdeckt. Zum Fundgut gehören etwa 20 Höhlenlöwen-Reste (darunter ein stark verdrückter, etwa 36 Zentimeter langer Schädel, einige Unterkieferreste, Knochen des Hand- und Fußskelettes). Die Funde aus Wallertheim werden im Naturhistorischen Museum Mainz aufbewahrt.

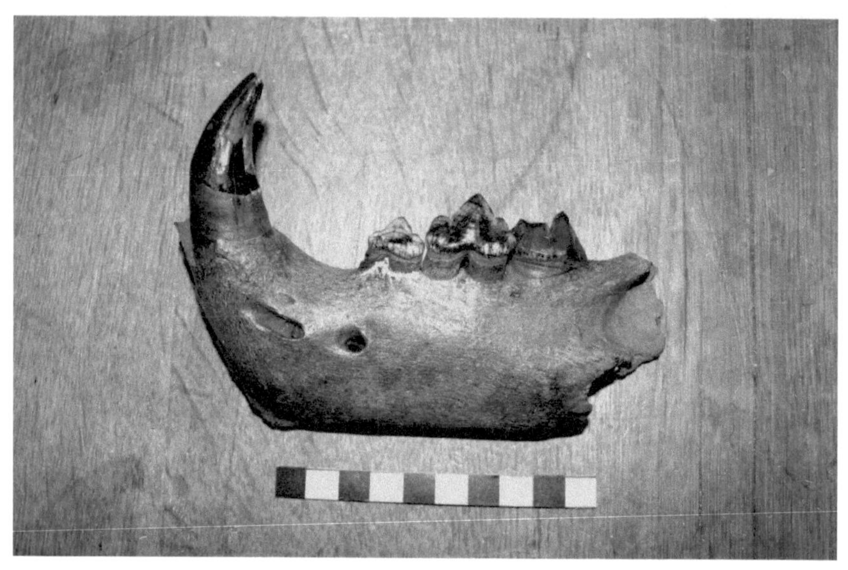

Unterkiefer eines Höhlenlöwen aus Südhessen im Hessischen Landesmuseum Darmstadt

Hessen

Breitscheid-Erdbach (Lahn-Dill-Kreis) im Westerwald: Bei Breitscheid wurde 1993 das riesige Herbstlabyrinth-Advent-höhlen-System entdeckt. Dieses erstreckt sich über vier Etagen mit Tiefen zwischen etwa 350 und 420 Metern sowie über eine Länge von etwa 6000 Metern. Zwischen 1998 und 2000 wollten Höhlenforscher herausfinden, wo der über diesem Höhlensystem befindliche Erdbach entwässert und entdeckten dabei Hohlräume mit Fossilien. Fachlich betreut wurden diese Untersuchungen von Thomas Kaiser (damals in Greifswald, heute Hamburg) und Walter Tanke vom Museum für Naturkunde Dortmund. Die Fossilien von Breitscheid-Erdbach stammen von Fischen, Fledermnäusen, Hasenartigen, Nagetieren, Marderartigen, Wildpferden, einem Nashorn, Höhlenbären und von einem Höhlenlöwen. Die Raubkatze ist durch das Ellenfragment eines ausgewachsenen Tieres belegt, das mindestens vier Jahre alt gewesen ist.

Hessenaue (Kreis Groß-Gerau) bei Darmstadt: In jungpleistozänen Ablagerungen des Rheins glückte der Fund eines Schienbeins von einem Höhlenlöwen mit einer schweren Entzündung des Knochenmarks. Diese Raubkatze war jagdunfähig, bis das Schienbein verheilte. Der Originalfund wird im Hessischen Landesmuseum Darmstadt aufbewahrt.

Rheinschotter in Hessen: Im Hessischen Landesmuseum Darmstadt werden ein Schädelfragment, ein Schulterblattfragment, ein Unterkieferfragment mit einem Zahn (Prämolar) und ein Oberarmknochenfragment) von Höhlenlöwen aus Rheinschottern in Hessen aufbewahrt.

Riedstadt-Erfelden (Kreis Groß-Gerau): Ein Höhlenlöwen-Fund aus glazialen Ablagerungen des Altrheins bei Riedstadt-Erfelden wird bereits in alter Fachliteratur erwähnt.

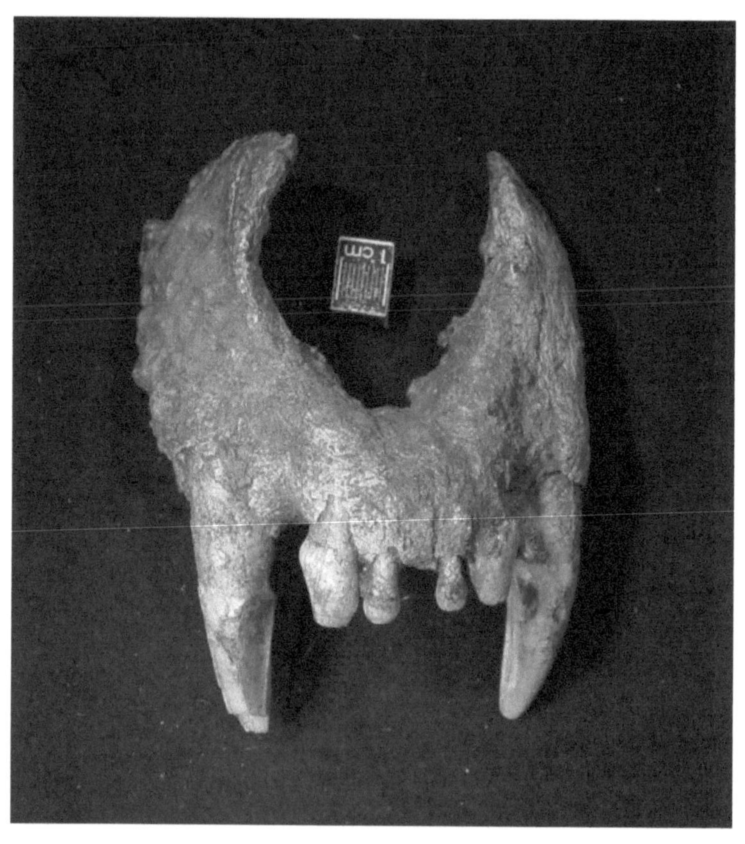

Oberkiefer eines Höhlenlöwen aus dem Löss von Wiesbaden-Schierstein. Original im Museum Wiesbaden

Villmar (Kreis Limburg-Weilburg): Aus einer Karstschlotte bei Villmar – im Bereich „Überlahn" vor dem Unica-Bruch – wurde 1911 der Unterkiefer eines Höhlenlöwen geborgen. Diesen Fund hat man zunächst im Geologischen Institut der Universität Marburg ausgestellt und nach dessen Schließung dem Lahn-Marmor-Museum in Villmar als Dauerleihgabe übergeben.

Wiesbaden: Im Gebiet von Wiesbaden wurden nicht nur Reste von Mosbacher Löwen, sondern auch von Höhlenlöwen gefunden. Die Inventarliste des Museums Wiesbaden erwähnt einen Oberkiefer und einen Eckzahn vom Höhlenlöwen aus dem Löss von Wiesbaden-Schierstein, einen Halswirbelfund von 1873 aus einer Sandgrube von Wiesbaden (Biebricher Allee) und einen Beckenknochen aus den Mosbach-Sanden.

Wildscheuerhöhle bei Runkel-Steeden (Kreis Limburg-Weilburg): Die letzte Grabung in der Wildscheuerhöhle, die einst in einer zum Lahntal führenden Schlucht lag, erfolgte 1953. Anschließend wurde die Höhle durch einen Steinbruchbetrieb abgebaut und zerstört. Auf der Inventarliste des Museums Wiesbaden sind drei Unterkieferreste und ein Eckzahn mit der Fundortangabe „Steeden Knochenhöhle" erwähnt.

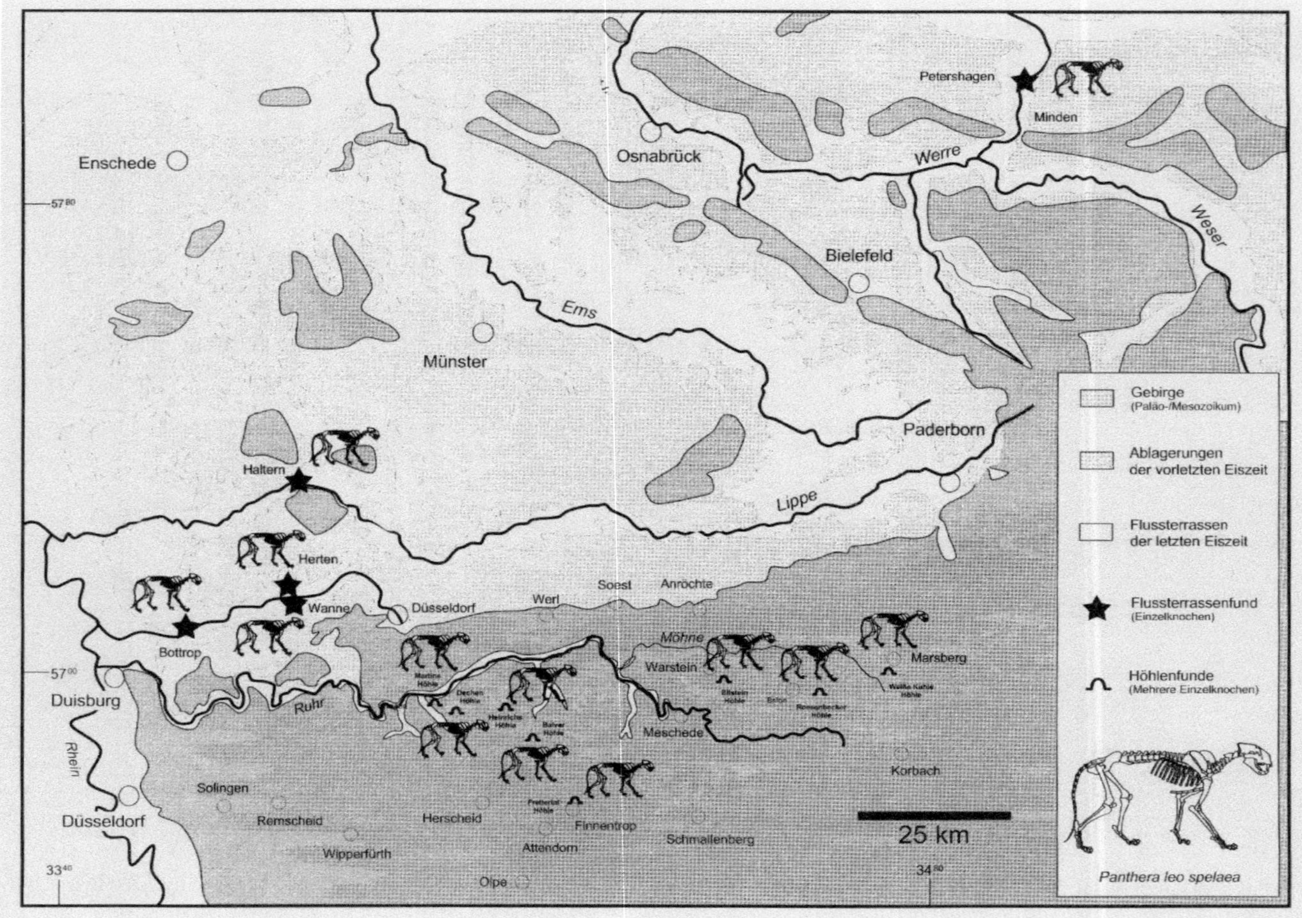

Enschede
Osnabrück
Petershagen
Minden
Werre
Weser
Bielefeld
57⁸⁰
Ems
Münster
Paderborn
Lippe
Haltern
Herten
Wanne
Düsseldorf
Werl
Soest
Anröchte
Bottrop
57⁰⁰
Duisburg
Rhein
Ruhr
Möhne
Warstein
Marsberg
Meschede
Korbach
Solingen
Düsseldorf
Remscheid
Herscheid
Finnentrop
Schmallenberg
Wipperfürth
Attendorn
Olpe
33⁴⁰
34⁸⁰
Martini Höhle
Dechen Höhle
Heinrichs Höhle
Balver Höhle
Fretterfal Höhle
Bilstein Höhle
Exter
Reckenbecker Höhle
Weiße Kuhle Höhle
25 km
Gebirge
(Paläo-/Mesozoikum)
Ablagerungen
der vorletzten Eiszeit
Flussterrassen
der letzten Eiszeit
Flussterrassenfund
(Einzelknochen)
Höhlenfunde
(Mehrere Einzelknochen)
Panthera leo spelaea

Nordrhein-Westfalen

Balver Höhle im Hönnetal bei Balve (Märkischer Kreis): Aus dem Hönnetal sind zahlreiche Höhlen bekannt: Außer der Balver Höhle auch die Frühlinghauser Höhle, Kepplerhöhle, Preuß-Höhle, Dahlmannshöhle, Volkringhauser Höhle, Karhofhöhle, Burschenhöhle, Reckenhöhle, Leichenhöhle, Honerthöhle, Feldhofhöhle, Friedrichshöhle und Burghöhle. Die Balver Höhle wird seit 1843 erforscht. Ein Höhlenlöwen-Knochen von dort liegt im Magazin des Museum für Ur- und Ortsgeschichte (Quadrat Bottrop). Zum Fundgut einer Grabung von 1939 gehören drei Schädel von Höhlenlöwen mit jeweils fehlendem Frontale (Schädelknochen an der Vorderseite des Schädels) und Maxillare (Oberkieferknochen). Zwei der Schädel werden im LWL-Museum für Archäologie in Herne und einer im Museum in Arnsberg aufbewahrt. 1939 wurden in der Balver Höhle auch Mittelhandknochen und Fingerknochen von Höhlenlöwen entdeckt. Die Balver Höhle ist eine der bedeutendsten Fundstellen mit Hinterlassenschaften von Neandertalern in Deutschland.

Bilsteinhöhle bei Warstein (Kreis Soest) im Sauerland: Die Tierknochen aus dieser Höhle im Bilsteinfelsen stammen überwiegend aus der Weichsel-Eiszeit (etwa 115.000 bis 11.700 Jahre) und vor allem von Höhlenbär, Höhlenlöwe, Höhlenhyäne und Rentier. Die im September 1887 von dem Waldarbeiter Franz Kersting bei Wegebauarbeiten entdeckte Höhle dient seit 1888 als Schauhöhle.

Bocholter Aa, Nebenfluss der Oude IJsseel: Am Fundort Bocholter Aa wurde um 1985 der fast unbeschädigte Unterkiefer eines Höhlenlöwen entdeckt. Der Originalfund wird im Heimatmuseum Borken aufbewahrt, eine Kopie befindet sich im Museum für Ur- und Ortsgeschichte (Quadrat Bottrop).

Seite 52: Fundorte von Höhlenlöwen in Nordrhein-Westfalen

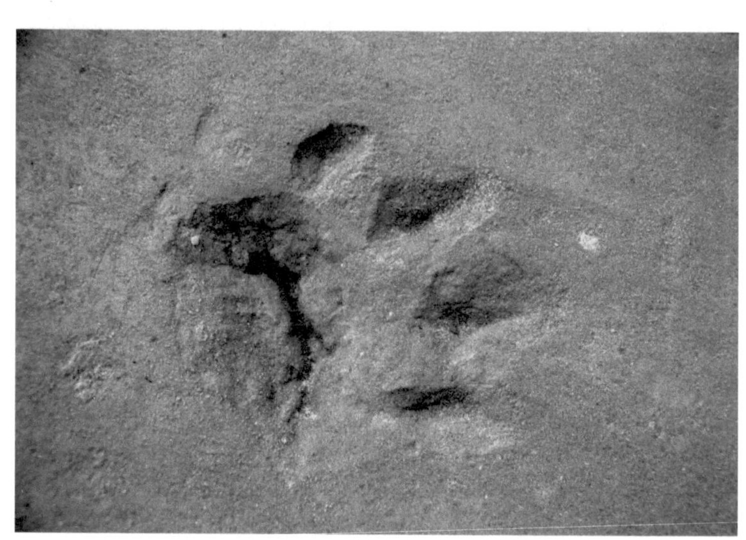

In der Würm-Eiszeit vor ca. 42.000 bis 35.000 Jahren entstanden in Bottrop-Welheim die ältesten Löwenspuren Europas. Sie stammen von einem Höhlenlöwen (Panthera leo spelaea).

Bottrop: Bei Baggerarbeiten am Rhein-Herne-Kanal in den Jahren zwischen 1958 und 1976 sammelte der Paläontologe Arno Heinrich aus Bottrop zahlreiche Knochenfunde von Höhlenlöwen. Diese Funde werden im Museum für Ur- und Ortsgeschichte (Quadrat Bottrop) aufbewahrt.

Bottrop-Welheim: 1992 wurde auf der Baustelle für ein Nachklärbecken der Emscher-Kläranlage Bottrop-Welheim von Martin Walders die rund zehn Meter lange Fährte eines Höhlenlöwen aus der Weichsel-Eiszeit entdeckt und ausgegraben. Diese Löwenspuren sind etwa 35.000 bis 42.000 Jahre alt und in der Eiszeithalle des Museums für Ur- und Ortsgeschichte (Quadrat Bottrop) ausgestellt.

Dorsten (Kreis Recklinghausen): Im Fluß Lippe in Dorsten wurde spätestens 1980 der rechte Beckenknochen eines Höhlenlöwen entdeckt. Der Knochen wird im Museum für Ur- und Ortsgeschichte (Quadrat Bottrop) aufbewahrt.

Essen-Vogelheim: 1926 wurden bei Ausschachtungsarbeiten für den Essener Stadthafen eine Feuersteinklinge („Vogelheimer Klinge") und der zweite Mittelfußknochen eines Höhlenlöwen aus der Saale-Eiszeit (etwa 330.000 bis 127.000 Jahre) entdeckt. In alter Literatur heißt es, der Mittelfußknochen des Essener Höhlenlöwen sei vom Feuer angekohlt gewesen, was heute stark bezweifelt wird. Schwarzfärbungen an den Knochen im Emschertal sind nicht ungewöhnlich.

Frettertalhöhle bei Finnentrop (Kreis Olpe) im Sauerland: Die Frettertalhöhle wird von dem Paläontologen Cajus G. Diedrich in einem Aufsatz der Zeitschrift „Philippia" (Abhandlungen und Berichte aus dem Naturkundemuseum im Ottoneum zu Kassel) von 2004 als Höhlenlöwen-Fundort erwähnt.

Haltern (Kreis Recklinghausen): Im Kies des Flusses Lippe bei

Haltern wurde das Hinterhaupt eines Höhlenlöwen geborgen. Dieses Fossil wurde 1983 irrtümlich einer Höhlenhyäne zugeschrieben, aber 2004 von Cajus G. Diedrich als Höhlenlöwe identifiziert. Er deutet eine kleine Knochenwucherung im Bereich des Scheitelkammes als teilverheilte Bissverletzung. Der seltene Fund wird im Geologisch-Paläontologischen Museum der Westfälischen Wilhelms-Universität Münster aufbewahrt.

Heinrichshöhle im Stadtteil Sundwig von Hemer (Märkischer Kreis) im Sauerland: Die Heinrichshöhle wurde 1812 offiziell von Heinrich von der Becke entdeckt, dem das Grundstück gehörte, auf dem diese Höhle lag. In Wirklichkeit war sie aber nach Angaben von Anwohnern schon lange vorher bekannt. Schon 1771 zeigte eine Karte den Eingang der Höhle, die von dem Paläontologen Cajus G. Diedrich in der Kasseler Publikation „Philippia" 2004 als Höhlenlöwen-Fundort erwähnt wird. 1804 entdeckten der Paläontologe Georg August Goldfuß (1782–1848) und der Geologe Johann Jacob Nöggerath (1788–1877) in der Heinrichshöhle 18 komplette Höhlenbären-Skelette, die vermutlich bei Überschwemmungen in die Höhle gespült wurden,

Herne-Wanne (zeitweilig ein Teil von Wanne-Eickel): Der in Herne-Wanne entdeckte rechte Oberkieferast eines Höhlenlöwen stammt von einem erwachsenen Tier. Der Fund wird im Geologisch-Paläontologischen Museum der Westfälischen Wilhelms-Universität Münster aufbewahrt.

Herten (Kreis Recklinghausen): In Herten kamen etliche Reste von Höhlenlöwen im Freiland zum Vorschein: ein Unterkiefer und ein Mittelfußknochen (Fund von 1936) aus Herten (Stuckenbusch) sowie der linke Oberkieferast eines alten Tieres aus Herten (mit unrichtiger Fundortangabe Bilstein-Höhle im Sauerland). Die dunkelbraune Knochenerhaltung des linken Oberkieferastes ist – laut Cajus G. Diedrich – mit Funden aus dem Emscherkiesen identisch und untypisch für Höhlenfunde. Diese Funde werden im Geologisch-Paläontologischen Museum der Westfälischen Wilhelms-Universität Münster aufbewahrt.

Kamp-Lintfort (Kreis Wesel): Auf der Schotterhalde des Kieswerkes Kölbl bei Kamp-Lintfort wurde 1979 ein fragmentarisch erhaltener linker Oberarmknochen eines Höhlenlöwen gefunden. Der Knochen stammt von einem erwachsenen und kräftigen Tier. Seine Maße übertrafen deutlich diejenigen eines heutigen Löwen aus der Sammlung des Essener Ruhrland-Museums. Dagegen stimmten die Maße gut mit fossilen Höhlenlöwen aus der Zoolithenhöhle von Burggaillenreuth in Bayern überein.

Kempen (Kreis Viersen): In der Kiesgrube Klöster östlich von Kempen entdeckte im Sommer 1978 ein Mitarbeiter ein Schädelfragment von einem Höhlenlöwen. Vom Schädel der Raubkatze blieb nur der Hirnschädel erhalten. Oberkiefer, Hinterhauptsknochen und Jochbögen waren abgebrochen. Es handelte es sich um den Rest eines kräftigen erwachsenen Tieres, das die Maße eines heutigen Löwen aus dem Essener Ruhrland-Museum bei weitem übertrifft.

Kepplerhöhle im Hönnetal bei Balve (Märkischer Kreis) im Sauerland: 1910 hat man beim Bau der Hönnetalbahn die Ostseite des Kepplerberges angeschnitten, wobei Höhlenverzweigungen ans Tageslicht kamen. 1919 wurde durch die Sprengung der Kalkwerke die eigentliche weitverzeigte Höhle erschlossen, die bald darauf (um 1920) für immer zerstört wurde. In der Kepplerhöhle kamen ein rechter Oberarmknochen, ein rechter Oberschenkelknochen und ein linker Schienbeinknochen vom Höhlenlöwen zum Vorschein. Diese Fossilen sowie zahlreiche Mittelfuß- und Zehenknochen befinden sich im Stadtmuseum in Menden.

Martinshöhle in Iserlohn-Oestrich (Märkischer Kreis): Die heute zerstörte Martinshöhle wird von dem Paläontologen Cajus G. Diedrich in der Publikation „Philippia" (Abhandlungen und Berichte aus dem Naturkundemuseum im Ottoneum zu Kassel) von 2004 als Höhlenlöwen-Fundort erwähnt.

Mönkes-Höhle bei Balve (Märkischer Kreis) in Nordrhein-Westfalen: In der Mönkes-Höhle bei Balve hat man 1955 und 1959 je einen Finger- bzw. Zehenknochen vom Höhlenlöwen geborgen. Diese Knochen werden im Museum für Ur- und Ortsgeschichte (Quadrat Bottrop) aufbewahrt.

Petershagen (Kreis Minden-Lübbecke) bei Minden: In der Kiesgrube Brunkhorst bei Petershagen wurde die fast vollständige rechte Elle einer ausgewachsenen Höhlenlöwin entdeckt. Sie stammt aus der ehemaligen Sammlung von Friedrich Brinkmann (1929–1993) und wird im Naturkundemuseum Bielefeld aufbewahrt. Werner Brinkmann, der Bruder von Friedrich Brinkmann, besuchte jedes Wochenende Kiesgruben und sammelte dort Reste eiszeitlicher Tiere.

Roesenbecker Höhle bei Brilon (Hochsauerlandkreis) in: Die Roesenbecker Höhle östlich von Brilon wird von dem Paläontologen Cajus G. Diedrich in der Kasseler Zeitschrift „Philippia" 2004 als Höhlenlöwen-Fundort erwähnt.

Warstein (Kreis Soest): Im Steinbruch Risse bei Warstein wurden folgende Höhlenlöwenreste aus dem Mittelpleistozän gefunden: ein rechter Oberkieferast mit einem Vorbackenzahn, ein erster Backenzahn des rechten Unterkiefers und ein dritter linker Mittelfußknochen. Im Steinbruch Hillenberg bei Warstein kam 1999 ein rechter Unterkieferast mit dem letzten Vorbackenzahn und dem ersten Backenzahn von einem Höhlenlöwen aus dem Oberpleistozän zum Vorschein. Diese Fossilien werden im LWL-Museum für Naturkunde in Münster aufbewahrt.

Weiße Kuhle bei Marsberg (Hochsauerlandkreis): Die Höhle „Weiße Kuhle" bei Marsberg wird von dem Paläontologen Cajus G. Diedrich in der Publikation „Philippia" von 2004 als Höhlenlöwen-Fundort erwähnt. Der Name dieser Höhle stammt von einem Steinbruch, der in alten Urkunden von 1335 als „Alba spelunca" („weiße Höhle") und von 1361 als „witte Kule" bezeichnet wird. Die Funde von dort werden im Heimatmusem von Marsberg aufbewahrt.

Wilhelmshöhle im Biggetal in Heggen, Gemeinde Finnentrop (Kreis Olpe), im Sauerland: Die im Felsmassiv „Am Hörsten" liegende Höhle wurde am 26. Februar 1874 nach einer Sprengung entdeckt. Durch einen „starken Bohrschuss von etwa acht bis zehn Pfund Sprengpulver" war ein gewaltiger Kalksteinblock losgelöst worden, der zuvor eine imposante Höhle verschlossen hatte. Aus der Wilhelmshöhle – auch Höhle am Hörsten genannt – sind Funde von der Höhlenhyäne und vom Höhlenlöwen bekannt.

Niedersachsen

Einhornhöhle bei Herzberg-Scharzfeld (Kreis Osterode) im Harz: Zu den rund 70 aus der Einhornhöhle bekannten Tierarten gehören etwa 60 Säugetierarten wie Höhlenbär, Höhlenlöwe und Wolf. Die Höhlenlöwenreste stammen aus der Eem-Warmzeit (etwa 127.000 bis 115.000 Jahre) und aus der Weichsel-Eiszeit (etwa 115.000 bis 11.700 Jahre). Im Magazin des Niedersächsischen Landesmuseums Hannover werden 15 Knochenreste vom Höhlenlöwen aus der Einhornhöhle aufbewahrt: ein Unterkiefer, drei Mittelhandknochen, zwei Oberschenkelknochen, ein Schienbeinknochen, zwei Sprungbeinknochen, ein Fersenbeinknochen und fünf Mittelfußknochen. Nach einer alten Sage hängt die Entdeckung der Einhornhöhle mit der nahegelegenen Klufthöhle Steinkirche zusammen. In

dem von Menschenhand erweiterten hallenartigen Innenraum
der Klufthöhle befinden sich eine aus dem Fels gehauene Kanzel und eine Nische für einen Weihwasserbehälter. In der Steinkirche soll in heidnischer Zeit eine alte und weise Frau gelebt
und Ratsuchenden geholfen haben. Als sie eines Tages von einem Mönch in schwarzer Kutte in Begleitung von fränkischen
Kriegern vertrieben worden sei, habe sie ein Einhorn vor ihren
Verfolgern geschützt. Die Frau soll sich der Hexengemeinde
auf dem Hexentanzplatz des Brocken angeschlossen haben. Danach sei der schwarze Mönch in einem Erdloch verschwunden,
was zur Entdeckung der Einhornhöhle geführt habe. Die 1541
erstmals urkundlich erwähnte Einhornhöhle wurde 1686 von
Gottfried Wilhelm Leibniz (1646–1716) besucht. Otto von Guericke (1602–1686), der Bürgermeister von Magdeburg und Erfinder der Luftpumpe, rekonstruierte im 17. Jahrhundert aus
Mammutknochen, die vom Zeunickenberg bei Quedlinburg
stammten, ein zweibeiniges Einhorn. Zu jener Zeit wurden Tierknochen aus Höhlen oft als Einhorn fehlgedeutet und als Medizin verkauft.

Freden an der Leine (Kreis Hildesheim): 1959 wurden bei
Steinbrucharbeiten im Selter bei Freden am Aschenstein zahlreiche Tierknochen entdeckt. Von 1960 bis 1962 erfolgten Ausgrabungen durch den Lehrer Wilhelm Barner (1893–1973). Die
Tierknochen befanden sich auf einer nach Nordosten abfallenden Dolomitklippe unter Hangschutt in Ablagerungen (Löss)
der Weichsel-Eiszeit. Ursprünglich hatte sich dort offenbar ein
Felsüberhang (Abri) befunden, der eingestürzt war und ein ehemaliges Lager von Rentierjägern begraben hatte. Die Tierreste
vom Wildpferd, Moschusochsen, Schneehasen und Schneehuhn
dokumentieren kaltzeitliche Umweltverhältnissse. Eine Datierung mit der Radiocarbon-Methode ergab ein Alter von etwa
17.000 Jahren, was dem Ende des weichsel-eiszeitlichen Kältehöchststandes entspricht. Am Aschenstein wurde auch der
Höhlenlöwe nachgewiesen.

Osterode am Harz, Gipsbruch „Niedersachsenwerk": 1963 wurden bei Baggerarbeiten in einer dabei angeschnittenen Doline je ein Schädel vom Bison und Fellnashorn entdeckt. Bei Grabungen durch Otto Sickenberg (1901–1974) an dieser Stelle kamen auch Knochen vom Wildpferd, Rentier und Höhlenlöwen zum Vorschein. Diese Fossilien und drei Zähne eines Höhlenlöwen werden im Museum Osterode aufbewahrt.

Salzgitter-Lebenstedt: Im Winter 1951/1952 wurde bei Bauarbeiten im Bereich der städtischen Kläranlage von Salzgitter-Lebenstedt im Stadtviertel Krähenwiede ein Lagerplatz von Neandertalern entdeckt. 1952 nahm der Prähistoriker Alfred Tode dort eine erste Grabung vor. 1977 folgte wegen eines Erweiterungsbaus der Kläranlage eine zweite Grabung durch den Archäologen Klaus Grote. Dabei gelang die letztgültige Datierung des Lagerplatzes in die Weichsel-Eiszeit vor etwa 55.000 Jahren. Zum Fundgut von Salzgitter-Lebenstedt gehören Jagdbeutereste, Werkzeuge, Waffen (angespitzte Mammutrippen) und Schädelreste eines Urmenschen. Zu den Funden von 1977 zählten der Eckzahn eines Höhlenlöwen. Außerdem setzte sich die Fauna überwiegend aus Rentier, Mammut, Wildpferd, Steppenwisent und Fellnashorn zusammen, daneben vom Riesenhirsch und Wolf. Die Funde von Krähenriede werden im Braunschweigischen Landesmuseum Wolfenbüttel aufbewahrt.

Thiede (Kreis Wolfenbüttel): Der Zoologe Carl Wilhelm Alfred Nehring (1845–1904) betrieb ab etwa 1874 von Wolfenbüttel aus, wo er damals als Gymnasiallehrer wirkte, Forschungen im nahen Thiede. Er entdeckte zahlreiche fossile Reste von Steppentieren, darunter auch solche vom Höhlenlöwen. Der Unterkiefer des Höhlenlöwen von Thiede wurde bereits 1893 bekannt. Die Funde aus Thiede liegen im Naturhistorischen Museum Braunschweig.

Hamburg

Hamburg-Harburg: Zu den zahlreichen Knochenfunden ober-
pleistozäner Säugetiere aus dem Hamburg-Harburger Urstrom-
tal, aus der die nördlichste eiszeitliche Säugetierfauna Deutschlands bekannt ist, gehört die Elle eines Höhlenlöwen. In dieser
Gegend kamen auch Fossilien vom Mammut, Fellnashorn,
Wisent, Rentier, Riesenhirsch, Elch, Wildpferd und Moschusochsen zum Vorschein.

Schleswig-Holstein

In Schleswig-Holstein sind bisher keine Reste von Höhlenlöwen
entdeckt worden. In diesem von Ablagerungen der ausgehen-
den Weichsel-Eiszeit geprägten Land sind Funde aus der Weichsel-Eiszeit, Eem-Warmzeit und Saale-Eiszeit, in denen man auf
Höhlenlöwen-Fossilien hoffen könnte, sehr selten. Sie liegen
unter mächtigen Sedimentschichten. Paläontologen hoffen auf
Funde, wenn der Nord-Ostsee-Kanal verbreitert und vertieft
wird.

Thüringen

Bad Köstritz (Kreis Greitz): Zum Fundgut von Bad Köstritz
gehören Reste vom Schneehasen, Rentier, Höhlenlöwen, Fellnashorn und Mammut.

Burgtonna (Kreis Gotha): Der fossilienreiche Travertin von
Burgtonna ist schon seit dem 17. Jahrhundert bekannt. Ein Oberkiefer aus der Eem-Warmzeit (etwa 127.000 bis 115.000 Jahre)
von Burgtonna weist – Gebissmerkmalen zufolge – eine Zwi-
schenstellung zwischen altpleistozänen südosteuropäischen und
würm-eiszeitlichen Löwen auf. Das erkannte der Mainzer Zoo-

loge Helmut Hemmer. Der Oberkiefer von Burgtonna wird im Museum für Naturkunde Berlin aufbewahrt. Aus Burgtonna liegen auch einzelne Zähne vom Höhlenlöwen und ein rechtes Ober-kieferfragment von einem Leopard *(Panthera pardus)* vor.

Ilsenhöhle unterhalb der Burg Ranis (Saale-Orla-Kreis) im Orlatal: In Schicht VIII der nach einer Sagengestalt benannten Ilsenhöhle fand man Reste vom Mammut, Fellnashorn, Bison, Wildpferd, Hirsch, Rentier, Höhlenbären, der Höhlenhyäne, vom Höhlenlöwen und einer großen Vogelart.

Kahla im Saaletal (Saale-Holzland-Kreis): In der Ziegeleigrube von Kahla wurde der Unterkiefer eines Höhlenlöwen aus der Weichsel-Eiszeit gefunden.

Lindenthaler Hyänenhöhle in Gera: Die Lindenthaler Hyänenhöhle wurde 1874 bei Steinbrucharbeiten nahe der Gastwirtschaft Lindenthal entdeckt und nach den Ausgrabungen des Geraer Heimatforschers Karl Theodor Liebe (1828–1894) abgebaut. In der Höhle und auf deren Vorplatz fand man viele Reste von Wildpferden, Höhlenhyänen und Fellnashörner sowie merklich seltener vom Höhlenbär, Höhlenlöwen, Mammut, Auerochsen und Rentier. Fast alle Tierknochen tragen Bissspuren von Höhlenhyänen. Vom Höhlenlöwen hat man Zähne entdeckt. Die Funde aus der Lindenthaler Hyänenhöhle stammen aus der Eem-Warmzeit und der Weichsel-Eiszeit.

Saalfeld, Roter Berg (Kreis Saalfeld-Rudolstadt): Am Fundort „Roter Berg" bei Saalfeld wurden Tierreste aus der Eem-Warmzeit (Wildschwein, Nashorn) und Weichsel-Eiszeit (Rentier, Fellnashorn, Mammut) entdeckt. Auch der Höhlenlöwe ist dort nachgewiesen.

Weimar-Ehringsdorf: In Weimar sowie dessen Ortsteilen Ehringsdorf und Taubach ließen aus Muschelkalkhöhen kommende

Quellen in Seitentälern Barrieren aus Süßwasserkalken (Travertin) entstehen. In den bis zu etwa 20 Meter mächtigen Ablagerungen wurden viele Reste fossiler Pflanzen und Tiere aus der Saale-Eiszeit (etwa 300.000 bis 127.000 Jahre), Eem-Warmzeit (etwa 127.000 bis 115.000 Jahre) und Weichsel-Eiszeit (etwa 115.000 bis 11.700 Jahre) eingebettet. Die Erforschung dieser Tierwelt begann bereits im 18. Jahrhundert mit dem Steinbruchbetrieb. Anfang des 19. Jahrhunderts setzten planmäßige Sammeltätigkeit und wissenschaftliche Untersuchungen ein. Von 1909 bis heute bargen Steinbrucharbeiter, Steinbruchbesitzer und der Weimarer Restaurator Ernst Lindig (1869–1934) Fossilien von Pflanzen, Tieren und Urmenschen sowie Steingerät. Zum Fundgut gehören auch Reste von Höhlenlöwen. Besonderheiten sind so genannte Schädelhöhlensteinkerne („fossile Gehirne") aus dem Unteren Travertin von Weimar-Ehringsdorf, die aus Schädeln vom Bison, Reh, Elch, Riesenhirsch, Rothirsch, Nashorn, Wildpferd und Höhlenlöwen stammen.

Weimar-Taubach: Aus mehreren kleinen Steinbrüchen von Taubach wurden ab etwa 1870 Funde von Fossilien bekannt. Deswegen regte der Jenaer Kunsthistoriker Friedrich Klopfleisch (1831–1898) die 1872 tagende Generalversammlung der Deutschen Anthropologischen Gesellschaft zu einer Exkursion nach Taubach an. Danach erfolgte die wissenschaftliche Bearbeitung der bis dahin bekannten Funde. Die meisten Fossilien hat man zwischen den letzten Jahrzehnten des 19. Jahrhunderts bis zum Ersten Weltkrieg (1914–1918) geborgen. Funde aus Weimar-Taubach belegen, dass dort in der Eem-Warmzeit (etwa 127.000 bis 115.000 Jahre) auch Höhlenlöwen und Leoparden *(Panthera pardus)* jagten. Alain Argant, Jacqueline Argant, Marcel Jeannet (Frankreich) und Margarita Erbajeva (Russland) erwähnten Taubach 2007 sogar als Fundort des Mosbacher Löwen.

64

Sachsen-Anhalt

Baumannshöhle am linken Ufer des Flusses Bode bei Rübeland (Kreis Harz): Der Bergmann Friedrich Baumann entdeckte 1536 bei der Suche nach Erz eine große Höhle, aus der er erst nach Tagen wieder herausfand. Bereits 1620 berichtete der Prior und Rektor Ekstein über umfangreiche Knochenfunde aus der Baumannhöhle. Seit 1646 dient die Baumannhöhle als Schauhöhle. Zwei der vielen Besucher waren Zar Peter I. der Große (1672–1725) und Johann Wolfgang von Goethe (1749–1832). Die Baumannshöhle gilt als älteste Schauhöhle der Welt. In ihr ist neben zahlreichen Knochen vom Höhlenbären auch der Höhlenlöwe nachgewiesen. 1969 untersuchte die Paläontologin Gerda Schütt die Säugetierfossilien aus der Baumannshöhle und Hermannshöhle in Rübeland. Darunter waren auch Höhlenlöwenreste aus alten Sammlungen, die nach Grabungen in den 1880-er und 1890-er Jahren nach Braunschweig gelangten und dort im heutigen Staatlichen Museum deponiert sind. Die alten Funde stammen vor allem aus der Baumannshöhle.

Freyburg an der Unstrut (Burgenlandkreis): Freyburg an der Unstrut wird in der Fachliteratur als Höhlenlöwen-Fundort erwähnt.

Gröbern (Kreis Gräfenhainichen): In Schichten aus der Eem-Warmzeit (etwa 127.000 bis 115.000 Jahre) von Gröbern wurde auch der Höhlenlöwe nachgewiesen.

Hermannshöhle nahe des Flusses Bode bei Rübeland (Kreis Harz): Die Hermannshöhle wurde am 28. Juni 1866 vom Wegeaufseher Wilhelm Angerstein bei Straßenbauarbeiten entdeckt. Man nannte sie – nach dem Spitznamen ihres Entdeckers – zuerst Sechserdinghöhle. Ende 1868 nahm sich der Geheime Kammerrat Hermann Grotian (1811–1887) von der Braunschweiger Forstdirektion der Höhle an und veranlasste erste

Baumannshöhle bei Rübeland im Harz (Sachsen-Anhalt): Blick in die Säulenhalle (oben) und auf den Eingang der Baumannshöhle (Foto unten)

Vermessungen und Ausgrabungen. 1887 hat man die Sechserdinghöhle – nach dem Vornamen von Grotian – in Hermannshöhle umbenannt. Seit dem 1. Mai 1890 dient die fast drei Kilometer lange Hermannshöhle als Schauhöhle. Bereits in einer Publikation von B. G. Teubner aus dem Jahre 1891 wird die Hermannshöhle als Fundort eines Höhlenlöwen-Unterkiefers erwähnt. 1962 nahm die Prähistorikerin Ute Steiner aus Halle/ Saale eine Grabung in der Hermannshöhle vor. 1984 und 1985 grub dort der Geologe Reinhard Völker, der Leiter des ehemaligen Karstmuseums Uftrungen. Bei diesen Grabungen kamen zahlreiche Reste vom Höhlenbären, aber auch 42 Funde vom Höhlenlöwen zum Vorschein. Diese Löwenfossilien werden im Museum für Naturkunde Berlin (Paläontologisch-Geologisches Institut und Museum, Humboldt-Universität) aufbewahrt. Sie stammen von zwei Löwen aus der Weichsel-Eiszeit, einer davon war ein altes Männchen. Die Kopfrumpflänge der Höhlenlöwen aus der Hermannshöhle wurde auf 1,97 und 2,29 Meter berechnet.

Königsaue (Salzlandkreis): Die Fundstelle Königsaue wurde 1963 von dem Geologen, Paläontologen und Prähistoriker Dietrich Mania während geologischer Untersuchungen in einem Braunkohlen-Tagebau entdeckt. Es folgten Ausgrabungen bis 1964, an denen sich zeitweise das Landesmuseum für Vorgeschichte in Halle/Saale beteiligte. Aus Königsaue – am Nordufer des ehemaligen Ascherslebener Sees – ist auch der Höhlenlöwe nachgewiesen.

Körbisdorf im Geiseltal (Saalekreis) bei Merseburg: In Schottern des Flusses Unstrut des durch den Braunkohlenabbau zerstörten Dorfes Körbisdorf wurde ein Stirnstück von einem Höhlenlöwen aus der Saale-Eiszeit (etwa 300.000 bis 127.000 Jahre) entdeckt. Der Originalfund wird im Landesmuseum für Vorgeschichte in Halle/Saale aufbewahrt.

Mücheln im Geiseltal (Saalekreis) bei Merseburg: Im Abraum der Braunkohlengrube „Elise II" bei Mücheln im westlichen Geiseltal kamen Höhlenlöwen-Reste aus der Saale-Eiszeit (etwa 300.000 bis 127.000 Jahre) zum Vorschein. Der Originalfund wird im Landesmuseum für Vorgeschichte in Halle/Saale aufbewahrt.

Neumark-Nord im Geiseltal (Saalekreis) bei Frankleben nahe Merseburg: Im Braunkohlen-Tagebau Neumark-Nord werden seit 1985 Reste einer Säugetierfauna aus einem klimatisch günstigen Abschnitt der Saale-Eiszeit (etwa 300.000 bis 127.000 Jahre) gefunden. Zur damaligen Tierwelt gehörten vor allem Damhirsche und Waldelefanten. 1990 machte der Jenaer Geologe, Paläontologe und Prähistoriker Dietrich Mania einen Höhlenlöwen-Zahn aus Neumark-Nord bekannt. Am 15. Januar 1996 kam ein Oberschenkelknochen-Fragment zum Vorschein. Und am 25. Juli 1996 erfasste ein Bagger ein Höhlenlöwen-Skelett, von dem zahlreiche Teile geborgen werden konnten. Das nahezu vollständige Skelett des Höhlenlöwen von Neumark-Nord wird im Landesmuseum für Vorgeschichte in Halle/Saale aufbewahrt. Weitere aufsehenerregende Funde von Neumark-Nord sind je ein Schlachtplatz mit Resten vom Auerochsen und vom Nashorn.

Westeregeln (Salzlandkreis) bei Magdeburg: Etwa ab 1874 betrieb der Zoologe Carl Wilhelm Alfred Nehring (1845–1904) von Wolfenbüttel aus, wo er von 1871 bis 1881 als Gymnasiallehrer wirkte, Forschungen im rund 60 Kilometer entfernten Westeregeln. Dort entdeckte er Reste von Steppentieren (Mammut, Wildpferd, Wildrind, Rentier, Eisfuchs, Wolf) und Waldtieren (Waldnashorn) aus dem Eiszeitalter, darunter auch von der Höhlenhyäne und vom Höhlenlöwen. Wegen zerschlagenen und angekohlten Tierknochen, Holzkohle und Silexabschlägen galten Westeregeln und Thiede bei Wolfenbüttel damals als älteste Fundplätze von Feuersteinartefakten steinzeit-

licher Menschen im Magdeburgischen sowie als jene Stelle,
wo 1875 die Koexistenz des Menschen mit den Großsäugetieren
des Eiszeitalters für ganz Norddeutschland festgestellt werden
konnte.

Zeunickenberg bzw. Seveckenberg bei Quedlinburg: Aus den
Gipsdolinen auf dem Zeunickenberg bzw. Seveckenberg bei
Quedlinburg werden schon seit Jahrhunderten Reste eiszeitlicher Tiere entdeckt. Berühmt sind vor allem die 1663 gefundenen Mammutreste, die damals als Reste eines Einhorns gedeutet wurden. Eine vermutlich von dem Magdeburger Bürgermeister Otto von Guericke (1602–1686) stammende Rekonstruktion des „Quedlinburger Einhorns" wurde 1704 von Michael
Bernhard Valentini (1657–1729) aus Gießen in dessen „Museum Museorum oder vollständige Schaubühne aller Materalien"
und 1740 in der „Protagea" von Gottfried Wilhelm Leibniz
(1646–1716) – nach dessen Tod erschienen – veröffentlicht.
1848 sind in der Publikation „Neues Jahrbuch für Mineralogie,
Geognosie, Geologie und Petrefakten" (1848) Knochen von
„Felis, Hyaena, Canis" erwähnt. Damals rechnete man den
Höhlenlöwen noch der Gattung *Felis* zu.

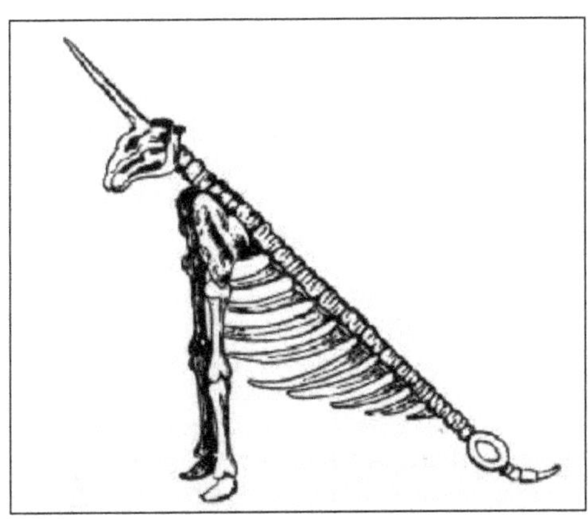

*Rekonstruktion
des „Quedlinburger
Einhorns"*

69

Sachsen

Leipzig-Lindenthal: In der Sandgrube von Leipzig-Lindenthal kam der halbe Unterkiefer eines Höhlenlöwen ans Tageslicht. Dieser Fund wurde 1909 von dem Leipziger Geologen Johannes Felix (1859–1941) in den „Sitzungsberichten der Naturforschenden Gesellschaft zu Leipzig" erwähnt. Felix hatte sich durch die Bergung, Präparation und Aufstellung eines bei Borna entdeckten Mammuts einen Namen gemacht. Das Mammut von Borna wurde am 14. Dezember 1908 gefunden und 1912 im Leipziger Museum für Völkerkunde (Prähistorische Abteilung) aufgestellt.

Wiedemar-Rabutz (Kreis Nordsachsen): In Schichten aus der Eem-Warmzeit (etwa 127.000 bis 115.000 Jahre) von Rabutz – zwischen Halle/Saale und Leipzig gelegen – wurde auch der Höhlenlöwe nachgewiesen. In Rabutz hatten Jäger am Ufer eines größeren Sees gelagert. Jagdtiere dieser Neandertaler waren Waldelefanten, Waldnashörner, Hirsche, Auerochsen, Bären, Wildpferde, Elche, Rehe, Wildschweine und Höhlenlöwen.

Berlin

Berlin: Beim Bau der U-Bahn in Berlin wurde in den 1930-er Jahren am Alexanderplatz der Schädel eines Höhlenlöwen entdeckt. Reste eiszeitlicher Säugetiere – wie Mammut, Fellnashorn, Wildpferd, Elch, Wisent, Moschusochse, Höhlenbär, Höhlenlöwe und Wolf – sind in Berlin und Brandenburg seit mehr als 200 Jahren bekannt. In den Schottern und Sanden des so genannten Rixdorfer Horizontes hat man Tausende von Fossilien gefunden. Rixdorf ist ein alter Name für Neukölln. 1920 wurde es zusammen mit anderen Orten in Berlin eingemeindet. In Rixdorf gab es früher Kies- und Sandgruben.

Brandenburg

Niederlehme bei Königs Wusterhausen (Kreis Dahme-Spreewald): Seit Ende des 19. Jahrhunderts werden in Niederlehme Sande abgebaut, in denen man Zähne und Knochen von 20 Säugetierarten aus der frühen Weichsel-Eiszeit (etwa 115.000 bis 11.700 Jahre) bergen konnte. Darunter befanden sich auch Fossilien vom Mammut, Fellnashorn, Höhlenbär, der Höhlenhyäne sowie vom Höhlenlöwen und Leopard. Die Sande von Niederlehme werden zum Rixdorfer Horizont gerechnet, der nach einem Fundort in Berlin benannt ist. Als Typuslokalität für den Rixdorfer Horizont gilt die Sandgrube Niederlehme.

Schönfeld (Kreis Spree-Neiße) bei Cottbus: In Schichten aus der Eem-Warmzeit (etwa 127.000 bis 115.000 Jahre) von Schönfeld wurde auch der Höhlenlöwe nachgewiesen.

Werder-Phoeben/Havel (Kreis Potsdam-Mittelmark): Der Berliner Paläontologe Wilhelm Otto Dietrich erwähnte 1968 in den „Paläontologischen Abhandlungen" Phoeben als Höhlenlöwen-Fundort. Den Fund bezeichnete er als „*Panthera (Leo) leo* subsp.".

Lebensbilder der Säbelzahnkatze Homotherium von Remie Bakker aus Rotterdam in den Niederlanden (oben) und Hristo Peshev aus Blagoevgrad in Bulgarien (unten). Diese Raubkatze ist im Fundgut von Deutsch-Altenburg in Niederösterreich vertreten.

Löwenfunde in Österreich

Niederösterreich

Deutsch-Altenburg: In der Gegend von Deutsch-Altenburg kamen ab 1908 im „Hollitzer Steinbruch" in weg gesprengten Höhlen und Spalten immer wieder Fossilien von Eiszeit-Tieren zum Vorschein. Die Fundstellen wurden später chronologisch nach dem Zeitpunkt ihrer Entdeckung mit den Nummern 1 bis 52 bezeichnet. Eine 1912 nach Sprengungen entdeckte Höhle mit Resten von Großsäugetieren aus dem Mittelpleistozän nennt man Deutsch-Altenburg 1. Die von Steinbrucharbeitern aufgesammelten Fossilien aus dieser zerstörten Höhle gelangten teilweise zunächst in die Technische Hochschule und später in das Naturhistorische Museum Wien. Darunter befindet sich ein als „*Panthera* sp." bezeichnetes Fossil einer Raubkatze, das als problematisch in seiner systematischen Stellung gilt und noch nicht beschrieben ist. Zum Fundgut gehören auch Reste von Säbelzahnkatze (*Homotherium sainzelli*), Luchs (*Lynx sp.*), Bär (*Ursus deningeri*) und Wolf (*Canis mosbachensis*). Alain Argant, Jacqueline Argant, Marcel Jeannet (alle drei aus Frankreich) und Margarita Erbajeva (Russland) erwähnten 2007 in der Publikation „Courier Forschungs-Institut Senckenberg" Deutsch-Altenburg 1 als Fundort des Mosbacher Löwen (*Panthera leo fossilis*).

Eine weitere berühmte Fundstelle aus der Gegend von Deutsch-Altenburg ist die fossilreiche Hundsheimer Spaltenfüllung in der Südflanke des Hexenberges bei Hundsheim. Diese Spaltenfüllung wurde 1900 zusammen mit der benachbarten Günther-höhle bei Steinbrucharbeiten angeschnitten. In der Folgezeit hat man bei wissenschaftlichen Grabungen zahlreiche Fossilien aus dem frühen Mittelpleistozän entdeckt. Aus der Hundsheimer Spaltenfüllung kennt man unter anderem Reste vom

Leoparden (*Panthera pardus*), Geparden (*Acinonyx intermedius*) und der Säbelzahnkatze (*Homotherium moravicum*).

Flatzer Tropfsteinhöhle bei Flatz: Die Flatzer Tropfsteinhöhle (auch Langes Loch genannt) ist unter den 15 Höhlen der Flatzer Wand die längste und paläontologisch interessanteste. In der Museumshalle, in der früher eine kleine Ausstellung von Fundstücken untergebracht war, barg man ein Oberkiefer- und ein Vorbackenzahnfragment von einem Höhlenlöwen.

Gudenushöhle über der Kleinen Krems am Fuß der Hartensteiner Wand im Waldviertel: Die bis zur ersten Grabung namenlose Höhle ist von den Ausgräbern nach dem früheren Besitzer der Burg Hartenstein, Heinrich Reichsfreiherr von Gudenus (1839–1915), benannt worden. Er hatte die Grabungen von 1883/1884 großzügig unterstützt. Die Höhle wird auch Fuchsloch, Fuchsenlucken, Fuchshöhle und Hartensteinhöhle genannt. Unter den zahlreichen Fossilien befindet sich ein Rest vom Höhlenlöwen.

Herdengelhöhle südwestlich des Gehöftes Herdengel am Nordhang des Scherzlehnerberges bei Lunz am See: In der Herdengelhöhle (auch Herdengelbauernhöhle genannt) wurden in einer mehr als 30.000 Jahre alten Schicht aus der Würm-Eiszeit Reste vom Höhlenbären, Höhlenlöwen und Murmeltier geborgen. Vom Höhlenlöwen stammen ein Unterkiefer, ein Oberarmknochen und Mittelhandknochen. Auch ein Wolfsschädel wurde geborgen. Ein besonders wichtiger Fund aus dieser Höhle ist ein Steingerät aus der Zeit vor etwa 50.000 Jahren, das als bisher ältestes Zeugnis menschlicher Anwesenheit in Niederösterreich gilt.

Krems in der Wachau: Der österreichische Paläontologe Othenio Abel (1875–1946) erwähnte 1921 in seinem Buch „Lebensbilder aus der Tierwelt der Vorzeit" das Vorkommen des Höhlen-

74

löwen in der Lösssteppe von Krems. Der älteste Bericht über vorzeitliche Tierfunde im Löss von Krems ist in dem Werk „Theatrum Europaeum" (1647) von Matthäus Merian der Ältere (1593–1650) nachzulesen. Darin ist von im November 1645 entdeckten Knochen und Zähnen eines Riesen die Rede, die – wie man heute weiß – vom Mammut stammen.

Mehlwurmhöhle im Schlattental bei Scheiblingskirchen: Die kleine Mehlwurmhöhle wurde 1963 entdeckt. 1973 erfolgte darin eine Grabung durch das Bundesdenkmalamt und das Institut für Paläontologie der Universität Wien. An vielen Resten von Eiszeit-Tieren sind Fraßspuren der Höhlenhyäne sichtbar. Zu den Hyänenfraßresten gehören Fossilien vom Wolf, Höhlenbären, Rothirsch, Riesenhirsch, Elch, Auerochsen, Wisent, Wildpferd, Fellnashorn, Mammut und Höhlenlöwen.

Merkensteinhöhle bei Gainfarn im südlichen Wienerwald: 1937 wurden in der Tropfsteinhöhle unterhalb der Burg Merkenstein etliche Fossilien von eiszeitlichen Raubkatzen entdeckt. 1938 erwähnte der Wiener Zoologe Otto Wettstein von Westerheimb (1892–1967) Reste vom Höhlenlöwen (fast kompletter Oberschädel mitsamt rechtem Oberkieferfragment mit zwei Zähnen, ein Halswirbel, ein Lendenwirbel, ein rechter Schienbeinknochen) und vom Leopard (ein Vorbackenzahn und ein Fingerglied). 1997 identifizierte die Wiener Paläontologin Doris Nagel vier weitere Fossilien aus der Höhle von Merkenstein als Reste eines Höhlenlöwen. Dabei handelte es sich um zwei Fingerglieder, einen Mittelfußknochen und um einen Mittelhandknochen.

Schusterlucke im Kremstal bei Albrechtsberg im Waldviertel: Der Name der Höhle Schusterlucke erinnert daran, dass sich zur Zeit der Franzosenkriege ein Schuster darin aufgehalten haben soll. Die Schusterlucke wird auch Schusterloch oder Tamerushöhle genannt. In der Schusterlucke kamen bescheidene urgeschichtliche und bedeutende paläontologische Funde zum Vorschein. Unter den etwa 18.300 mehr oder minder vollständigen Tierknochen ist mit 35 Fossilien auch der Höhlenlöwe vertreten.

Teufelslucke im Nordhang des Königsberges bei Roggendorf: Die Höhle Teufelslucke wird auch Fuchsenlucke und Fuchsloch genannt. In die Teufelslucke haben Höhlenhyänen ihre Beutetiere (Mammut, Fellnashorn, Bison, Riesenhirsch, Rentier, Rothirsch, Wildpferd, Wolf und Höhlenlöwe) verschleppt. Dagegen stammen die Höhlenbärenreste von Tieren, die im Winterschlaf verendet sind.

Willendorf am linken Donauufer in der Wachau: In Schichten aus der Kulturstufe des Gravettien (etwa 28.000 bis 21.000 Jahre) der Fundstelle Willendorf II in der Wachau wurden Reste vom Mammut, Steinbock, Rentier, Höhlenbären, Hirsch, Fuchs und Höhlenlöwen geborgen. Weltberühmt ist der Fund der so genannten „Venus von Willendorf". Dabei handelt es sich um eine 10,3 Zentimeter große steinerne Frauenfigur, die 1908 bei Ausgrabungen in Willendorf II entdeckt wurde. Die Funde von Willendorf II werden im Naturhistorischen Museum Wien aufbewahrt.

Steiermark

Badlhöhle im Badlgraben bei Peggau: Angeblich wurde die Badlhöhle, die Einheimischen schon sehr lange bekannt war, 1827 wieder entdeckt. Im Sommer 1837 nahmen der Besitzer der Höhle, Ferdinand Freiherr von Thinnfeld (1793–1868), und dessen Schwager, Hofrat Wilhelm Ritter von Haidinger (1795–1871), Grabungen vor. Sie bargen mehr als 400 Knochen, die vom Botaniker Franz Unger (1800–1870) untersucht wurden. Um 1870 untersuchte der Prähistoriker Gundaker Graf Wurmbrand-Stuppach (1838–1901) die Höhle. Im Steiermärkischen Landesmuseum Joanneum Graz werden elf Höhlenlöwen-Reste aus der Badlhöhle bei Peggau aufbewahrt. Dabei handelt es sich um fünf Eckzähne, ein Oberkieferfragment und fünf weitere Knochen.

Bärenhöhle im Hartelsgraben bei Hieflau: Die Bärenhöhle wird auch Hartlesgrabenhöhle, Bärenhöhle bei Hieflau, Bärenloch oder Boanloch genannt. Sie wurde im Oberpleistozän vor allem von Höhlenbären aufgesucht. Als Rarität gilt das fast komplette Skelett eines etwa sieben Monate alten Höhlenbärenkindes. Neben dem Höhlenbär, Vielfraß und Steinbock ist auch der Höhlenlöwe nachgewiesen.

Brettsteinbärenhöhle im Toten Gebirge unweit von Bad Mitterndorf: Die Brettsteinbärenhöhle wurde vermutlich in der frühen Würm-Eiszeit vor allem von Höhlenbären aufgesucht. In dieser Höhle wurde auch ein fragmentarisch erhaltener Unterkieferknochen mit einem Zahn vom Höhlenlöwen gefunden. Dieses Fossil wird im Steiermärkischen Landesmuseum Joanneum Graz aufbewahrt. Außerdem barg man in der Höhle etliche Skelettreste vom Höhlenlöwen (Mittelfußknochen, zwei Mittelhandknochen, einen mittleren Fingerknochen und vier Wirbel).

Burgstallwandhöhle bei Pernegg an der Mur unweit von Mixnitz im Grazer Bergland: Die Burgstallwandhöhle (auch Burgstallhöhle oder Burgstall-Riesenhöhle genannt) diente in der Würm-Eiszeit vor allem Höhlenbären als Unterschlupf. In ihr fand man Reste vom Höhlenbären, vom Wolf und vom Höhlenlöwen. Von der Burgstallwandhöhle ist nur noch der hintere Teil der ehemaligen Bärenhöhle vorhanden. Der vordere Teil ist der Bergsturzaktivität in diesem Gebiet und der Erosion zum Opfer gefallen.

Drachenhöhle bei Mixnitz auf einer Zeichnung von 1747

Drachenhöhle im Grazer Bergland bei Mixnitz an der Mur: Die Drachenhöhle bei Mixnitz ist früher auch Kogellucke, Kugellucke, Mixnitzhöhle, Rettelsteiner Drachenhöhle und Röthelsteiner Grotte genannt worden. Jahrhundertelang wurde sie als Fundort von Drachen-, Riesen- oder Einhornknochen fehlgedeutet. Sie ist vor allem durch ihren Reichtum an Höhlenbären-Knochen bekannt. In der Drachenhöhle hat man Knochen von mindestens 30.000 Höhlenbären geborgen. Im Steiermärkischen Landesmuseum Joanneum Graz wird der Mittelhandknochen eines Höhlenlöwen aus der Drachenhöhle bei Mixnitz aufbewahrt. Weitere Höhlenlöwenreste liegen in der Sammlung des Instituts für Paläontologie der Universität Wien. Ein kompletter Oberschädel und eine linke Oberkieferleiste vom Höhlenlöwen befinden sich in der Sammlung von Klaus Reis in Deidesheim (Deutschland).

Frauenloch bei Semriach im Grazer Bergland: Synonyme für die Höhle Frauenloch sind Frauenloch im Kesselfall, Dreieckshöhle und Schusterhöhle. Das Frauenloch diente Höhlenbären in der Würm-Eiszeit als Unterschlupf. Erste Grabungen erfolgten 1899. Nach Höhlenbären und Wölfen sind Höhlenlöwen im Fundgut häufig vertreten. Im Steiermärkischen Landesmuseum Joanneum Graz werden 34 Höhlenlöwen-Reste aus der Höhle Frauenloch aufbewahrt. Dabei handelt es sich um Zähne sowie Knochen vom Skelett und den Extremitäten.

Fünffenstergrotte am Kugelstein im mittleren Murtal im Grazer Bergland: In der Fünffenstergrotte hat von 1949 bis 1952 die Grazer Paläontologin und Geologin Maria Mottl (1906–1980) Sondierungen vorgenommen. Zum Fundgut gehören Reste vom Hamster, Wolf, Fuchs, Höhlenbär, Höhlenlöwen, Leopard, Rothirsch, Auerochsen oder Wisent, Gemse und Steinbock. An den meisten Huftierknochen sind Bissspuren von Raubtieren erkennbar. Die Fossilien werden im Steiermärkischen Landesmuseum Joanneum in Graz aufbewahrt.

Eingang zur Drachenhöhle im Grazer Bergland bei Mixnitz an der Mur in der Steiermark. In der Drachenhöhle fand man neben zahlreichen Knochen und Zähnen von Höhlenlöwen auch fossile Reste von Höhlenlöwen.

Große Peggauer Wandhöhle bei Peggau im Grazer Bergland:
Die Große Peggauer Wandhöhle wurde in der Würm-Eiszeit
vor allem von Höhlenbären aufgesucht und war vielleicht zeitweise auch Unterschlupf für Höhlenhyänen. In der langen Li-
ste der durch Funde nachgewiesenen Tierarten vom Alpen-
schneehuhn über den Eisfuchs bis zum Wolf sind auch der
Höhlenlöwe (ein mittlerer Fingerknochen) und der Leopard
erwähnt.

Kleine Peggauer Wandhöhle bei Peggau im Grazer Bergland:
Die Kleine Peggauer Wandhöhle (auch Kleine Peggauer Höhle) gilt als Bärenhöhle aus der Würm-Eiszeit. Bereits 1870 nahm
der Prähistoriker Gundaker Graf Wurmbrand-Stuppach (1838–
1901) dort eine kleine Grabung vor. Außer dem Höhlenbären
und anderen Eiszeit-Tieren wurde auch der Höhlenlöwe nachgewiesen.

Lurgrotte bei Peggau im Grazer Bergland: Die Lurgrotte (auch
Lurhöhle, Lurloch oder Lugloch genannt) ist eine wasser-
führende Höhle mit mehr als vier Kilometer voneinander entfernten Eingängen in den Gemeindegebieten von Peggau im
Westen und Semriach im Osten. Die Tierreste aus der Lurgrotte
stammen aus der Würm-Eiszeit. Nachgewiesen sind unter anderem Höhlenbär und Höhlenlöwe. An Höhlenbären-Knochen
wurden Bissspuren von Höhlenhyänen erkannt. Die Funde
werden im Steiermärkischen Landesmuseum Joanneum in Graz
aufbewahrt.

Repolusthöhle bei Peggau: Zum Fundgut der Repolusthöhle im
Badlgraben, einem Seitental des Murtales, gehören Steinwerkzeuge von Jägern und Sammlern, die diese Höhle vor mehr
als 250.000 Jahren aufgesucht haben, sowie Tierreste aus jener
Zeit vom Bären Ursus deningeri, Höhlenlöwen, Wolf, Dachs,
Biber, Stachelschwein, Riesenhirsch, Wildschwein, Steinbock
und Wisent. Im Buch „Deutschland in der Steinzeit“ (1991)

wurden die Jäger und Sammler in der Repolusthöhle als „die ersten Österreicher" bezeichnet. Diese Erkenntnis ist dem Wiener Paläontologen Gernot Rabeder zu verdanken. Die Repolusthöhle ist nach dem Arbeiter Anton Repolust (geboren 1877, gefallen im Ersten Weltkrieg) aus Badl benannt, der diese Höhle 1910 entdeckte. Im Steiermärkischen Museum Joanneum in Graz werden sechs Eckzähne und 17 Knochen (Unterkiefer, Brustwirbel, Schädel, Oberarmknochen, Unterarmknochen, Elle, Oberschenkel, Schienbeinknochen, Lendenwirbel) vom Höhlenlöwen aus der Repolusthöhle aufbewahrt. Zum Fundgut der Repolusthöhle gehört auch der Leopard.

Salzofenhöhle bei Grundlsee im steirischen Teil des Toten Gebirges: Die Eingänge der Salzofenhöhle befinden sich etwa 60 Meter unterhalb des Gipfels des 2068 Meter hohen Salzofen. In dieser hochalpinen Höhle haben die Jäger Franz Köberl und Ferdinand Schramel im Sommer 1924 die ersten Fossilien entdeckt. Sie berichteten dem Schulrat Otto Körber (1866–1945) aus Bad Wiessee von ihrer Entdeckung und dieser begann noch im selben Jahr mit Grabungen, die sich bis 1944 hinzogen. Körber bezeichnete 1939 die Salzofenhöhle als die höchstgelegene Siedlungsstätte des Altsteinzeitmenschen im Gebiet des Deutschen Reiches. Auf seine Grabungen folgten weitere. Unter den zahlreichen in der Salzofenhöhle nachgewiesenen Tierarten ist auch der Höhlenlöwe (darunter zwei komplett erhaltene Unterkiefer) vertreten.

Tropfsteinhöhle am Kugelstein bei Deutschfeistritz: 1931 berichtete erstmals ein Höhlenforscher namens H. Bock über Funde von Höhlenbären-Knochen aus der Tropfsteinhöhle am Kugelstein. Diese Höhle wird in der Literatur auch Kugelsteinhöhle II oder Bärenhöhle II am Kugelstein genannt. In der langen Fundliste werden neben dem zahlreich vertretenen Höhlenbären auch Höhlenlöwe, Leopard *(Panthera pardus)* und Affe *(Macaca sylvanus)* erwähnt.

Kärnten

Griffener Tropfsteinhöhle im Schlossberg von Griffen: Die Griffener Tropfsteinhöhle wurde im Frühjahr 1945 entdeckt, als man in der verschütteten Vorhalle der Höhle nach Luftschutzräumen Ausschau hielt. Von 1957 bis 1960 erfolgten in mehreren Abschnitten systematische Grabungen. Diese Tropfsteinhöhle diente im Oberpleistozän zeitweise Höhlenbären und Höhlenhyänen als Unterschlupf. Außer Resten dieser und anderer Eiszeit-Tiere wurden auch zwei Fossilien vom Höhlenlöwen entdeckt. Die Funde aus der Griffener Tropfsteinhöhle werden im Kärntner Landesmuseum, Klagenfurt, aufbewahrt.

Oberösterreich

Gamssulzenhöhle oberhalb des Gleinkersees in der Nordwestflanke des Seesteines im Toten Gebirge: Die um 1920 entdeckte Gamssulzenhöhle wird auch als Gleinkerseehöhle, Bärenriesenhöhle, Bärenhöhle im Seestein oder Gamssulzen bezeichnet. Die Höhle diente vor allem Bärenhöhlen als Unterschlupf und zeitweise auch Eiszeitjägern kurzfristig als Aufenthaltsort. In der Gamssulzenhöhle sind Reste von Fischen, Amphibien, Reptilien, Vögeln und Säugetieren (darunter auch Wolf, Luchs und Höhlenlöwe) gefunden worden.

Lettenmayerhöhle im Steilhang des linken Kremsufers bei Kremsmünster: Die schon um 1864 bekannte Höhle wurde bei Steinbrucharbeiten im Januar 1881 wieder entdeckt und nach dem Steinbruchbesitzer benannt. In der 24 mal 20 Meter großen und bis zu vier Meter hohen Lettenmayerhöhle wurden außer vielen Resten vom Höhlenbär auch drei Mittelhandknochen vom Höhlenlöwen gefunden. Die Höhle ist seit 1949 ein Naturdenkmal. Es gibt auch die Schreibweisen Lattenmaierhöhle und Lettenmayrhöhle.

*Die Ramesch-Knochenhöhle in der Nordwand des 2134 Meter
hohen Ramesch in der Warscheneckgruppe im Toten Gebirge
(Oberösterreich) liegt in etwa 1960 Meter Höhe. Zum Fundgut
dieser hochgelegenen Höhle gehört auch der Höhlenlöwe. Auf
obigem Foto befindet sich die Ramesch-Knochenhöhle in der
rechten Bildhälfte am oberen Ende des dunklen Flecks.*

Nixloch bei Losenstein-Ternberg: Das Nixloch liegt in einem Bergland, das im Osten von der Enns, im Westen von der Steyr und im Süden von der Teichl und dem Laußabach begrenzt wird. Im Fundgut des Nixloches dominieren Reste von Höhlenbären aus einer jüngeren Phase der Würm-Eiszeit („Höhlenbärenzeit"). Unter Fossilien vieler Tierarten ist auch der Höhlenlöwe vertreten. Synonyme für das Nixloch sind Nixhöhle, Nixlucke und Nixgrotte.

Ramesch-Knochenhöhle in der Nordwand des 2134 Meter hohen Ramesch in der Warscheneckgruppe im Toten Gebirge: Die Ramesch-Knochenhöhle heißt auch Bärenhöhle im Ramesch und Rameschhöhle. Von den dort gefundenen Wirbeltierresten stammen 99 Prozent vom Höhlenbären. Zum Fundgut gehören auch Reste vom Wolf, Braunbär, Steinbock, Höhlenlöwen sowie Steingeräte von Neandertalern.

Salzburg

Schlenkendurchgangshöhle im Ostkamm des Schlenken bei Hallein: Die Schlenkendurchgangshöhle diente in der Würm-Eiszeit vor allem Höhlenbären als Unterschlupf. Ihr in etwa 1590 Meter Seehöhe liegender, verstürzter Südeingang wurde zwischen 1926 und 1928 von Jägern freigelegt. In der Fundliste ist auch der Höhlenlöwe aufgeführt.

Tirol

Tischoferhöhle im Kaisertal oder Sparchental bei Kufstein: Die Tischoferhöhle, auch Schäferhöhle (Schofer ist ein Dialekt-Ausdruck für Schäfer) oder Bärenhöhle genannt, war Aufenthaltsort von Neandertalern und Höhlenbären. Im Fundgut ist neben dem Höhlenbären (etwa 380 Tiere), der Höhlenhyäne,

Tischoferhöhle bei Kufstein im Kaisertal (Tirol)

dem Wolf, dem Rentier, dem Steinbock und der Gemse auch der Höhlenlöwe nachgewiesen. Ein Beckenfragment von einem Höhlenlöwen aus der Tischoferhöhle, das im Museum in der Festung Kufstein aufbewahrt wird, konnte mit der Radiocarbon-Methode auf ein Alter von etwa 31.000 Jahren datiert werden. Der in der Tischoferhöhle entdeckte Höhlenlöwe soll von Höhlenbären zerrissen worden sein.

Südtirol (Italien)

Conturineshöhle bei St. Kassian: Die Conturineshöhle in etwa 2800 Meter Höhe ist der höchste Höhlenbären- und Höhlenlöwen-Fundort der Welt. Als Conturines wird ein Berg in den Dolomiten bezeichnet, dessen Name aus dem Ladinischen „con turrines" (= mit Türmen) abzuleiten ist. Entdecker der Conturineshöhle ist Willy Costamoling aus Corvara, der auf der Suche nach Mineralien und Fossilien am 23. September 1987 als erster Mensch das Innere der Höhle betrat. Leiter der wissenschaftlichen Grabungen von 1988 bis 2001 war der Wiener Paläontologe Gernot Rabeder. Er hat außer zahlreichen Resten von kleinwüchsigen Höhlenbären auch den Ober- und Unterkiefer eines jugendlichen Höhlenlöwen entdeckt. Die Conturineshöhle diente ladinischen Bären (*Ursus spelaeus ladinicus*) als bevorzugter Wohnort.

*Die Conturineshöhle bei St. Kassin (San Ciascian) in Südtirol
(Italien) gilt als der am höchsten gelegene Fundort des Höhlen-
löwen und des Höhlenbären. Ihr Eingang liegt in etwa 2.800
Meter Höhe.*

Löwenfunde in der Schweiz

Kanton Genf

Veyrier: Der Zürcher Prähistoriker Ferdinand Keller (1800–1881) erwähnte Veyrier in seiner Publikation „Helvetische Denkmäler" (1869) als Höhlenlöwen-Fundort. Aus Veyrier kennt man auch Reste vom Rentier, Wildpferd, Steinbock, Elch und Hirsch.

Kanton Freiburg

Bärenloch am Spitzflue (Gemeinde Charmey) beim Schwarzsee in den Freiburger Voralpen: Die Höhle Bärenloch wurde 1991 durch Mitglieder des Höhlenklubs der Freiburger Voralpen (SCPF) entdeckt. Im Bärenloch und auf der Schutthalde vor dem Höhleneingang hat man mehr als 10.000 Knochenfragmente gefunden. Sie stammen von Höhlenlöwen, Murmeltieren, Steinböcken, Schneehasen, Fledermäusen und anderen kleinen Säugetieren. Mit Knochenfunden von dort konnte ein fast vollständiges etwa 24.000 Jahre altes Höhlenbären-Skelett zusammengestellt werden.

Kanton Bern

Kohlerhöhle im Kaltbrunnental bei Brislach: In der Kohlerhöhle kam ein kleines Knochenfragment vom Höhlenlöwen zum Vorschein. Dieses Fragment wird im Naturhistorischen Museum Bern aufbewahrt. In der Kohlerhöhle hatten sich zeitweise auch Neandertaler aufgehalten. Das Kaltbrunnental ist ein Seitenteil des Birstals.

Schnurenloch im Simmental: In der hoch im Simmental gelegenen Höhle Schnurenloch wurde ein kleines Knochenfragment vom Höhlenlöwen gefunden. Das Fragment wird im Naturhistorischen Museum Bern aufbewahrt.

Kanton Jura

St. Brais: Vom Fundort St. Brais im Berner Jura liegt ein kleines Knochenfragment vom Höhlenlöwen vor. Das Fragment wird im Naturhistorischen Museum Bern aufbewahrt. In den Höhlen von St. Brais haben sich Jäger und Sammler der Neandertaler kurze Zeit aufgehalten.

Kanton Solothurn

Lüsslingen: In der Kiesgrube Rebenrain (Lüsslingen) wurde 1910 ein Oberschenkelknochen von einem Höhlenlöwen entdeckt. Dass es sich dabei um den Rest eines Höhlenlöwen handelt, hat der Basler Paläontologe Hans Georg Stehlin (1870–1941) erkannt. Der Originalfund wird im Naturmuseum Solothurn aufbewahrt.

Kanton Zürich

Niederweningen: Neben Resten vom Mammut, Fellnashorn, Bison, Wildpferd, Wolf und Lemming wurde in Niederweningen auch der Zahn eines Raubtieres, der von einem Höhlenlöwen stammen soll, gefunden. Bei Bauarbeiten für die Wehntalbahn wurden Knochen von sieben Mammuts entdeckt. 2003 kamen bei verschiedenen Aushubarbeiten Reste eines Mammutbullen und ein -stoßzahn ans Tageslicht. Dies gab den Anstoß dafür, in Niederweningen ein Mammutmuseum zu errichten.

Kanton Schaffhausen

Kesslerloch im Fulachtal bei Thayngen: Zum Fundgut aus der seit 1874 untersuchten Höhle Kesslerloch gehören neben Hinterlassenschaften von Rentierjägern (Werkzeuge, Waffen und Kunstwerke) auch fossile Tierreste. Eine Neubearbeitung des Faunenmaterials durch Hannes Napierala ergab insgesamt sechs Funde vom Höhlenlöwen: ein Kieferfragment eines jugendlichen Tieres, zwei isolierte Unterkieferzähne, darunter ein vollständiger Eckzahn, ein Fersenbein und zwei Fingerknochen. Im Kesslerloch haben der Lehrer Konrad Merk (1846–1914) aus Thayngen, der Lehrer Jakob Nüesch (1845–1915) aus Schaffhausen und der Prähistoriker Jakob Heierli (1853–1912) aus Zürich Grabungen vorgenommen

Kanton Appenzell

Wildkirchli im Ebenalpstock des Säntisgebirges: Die etwa 1500 Meter hoch gelegene Wildkirchli-Höhle diente abwechselnd Höhlenbären und Neandertalern als Unterschlupf. Dort hat der Lehrer, Museumsleiter und Heimatforscher Emil Bächler (1868–1950) aus St. Gallen Höhlenbären und Steinwerkzeuge geborgen. Von 1903 bis 1908 fand man im Wildkirchli neben Resten vom Höhlenbär, Wolf, Dachs, Steinbock und Hirsch auch Fossilien vom Höhlenlöwen.

Kanton St. Gallen

Wildenmannlisloch am Nordhang des Seluns (einem der sieben Churfirsten): In der in 1628 Meter Höhe gelegenen Höhle Wildenmannlisloch fand man Reste vom Höhlenbär, Höhlenlöwen, der Gemse, Murmeltier, vom Schneehasen, Wolf, Fuchs, Hermelin und Edelhirsch.

In der etwa 1500 Meter hoch gelegenen Wildkirchli-Höhle im Ebenalpstock des Säntisgebirges (Kanton Appenzell) wurden auch Reste vom Höhlenlöwen gefunden

Die Höhle Wildenmannlisloch im Churfirstengebirge (Kanton Sankt Gallen) in der Schweiz befindet sich in 1628 Meter Höhe.

Eiszeitliche Raubkatzen

Zur Tierwelt vor ca. 600.000 Jahren gehörte auch der Gepard

Der Mosbacher Löwe

Der Mosbacher Löwe (*Panthera leo fossilis*) trat im Eiszeitalter vor etwa 700.000 Jahren in Europa erstmals auf, wie ein
Fund aus Isernia bei Molise in Italien belegt. Vor etwa 600.000
Jahren ist er aus den Mosbach-Sanden von Mosbach in Wiesbaden sowie aus den Mauerer Sanden von Mauer bei Heidelberg nachgewiesen. Originalfunde vom Mosbacher Löwen liegen im Naturhistorischen Museum Mainz, in der Universität
Mainz, im Museum Wiesbaden und im Urgeschichtlichen Museum der Gemeinde Mauer.
Der Mosbacher Löwe gilt mit einer maximalen Gesamtlänge
bis zu etwa 3,60 Metern als die größte Raubkatze in Deutsch-
land und Europa. Seine Kopfrumpflänge betrug ca. 2,40 Meter,
hinzu kam noch ein etwa 1,20 Meter langer Schwanz. Nur der
Amerikanische Höhlenlöwe (*Panthera leo atrox*) mit einer
maximalen Gesamtlänge von ungefähr 3,70 Metern übertraf die
Maße des Mosbacher Löwen.
Der Mosbacher Löwe behauptete sich vermutlich bis vor
schätzungweise 300.000 Jahren. Aus ihm entwickelte sich der
Europäische Höhlenlöwe (*Panthera leo spelaea*).
Alain Argant, Jacqueline Argant, Marcel Jeannet (alle drei aus
Frankreich) und Margarita Erbajeva (Russland) haben 2007 in
der Publikation „Courier Forschungs-Institut Senckenberg" eine
Karte veröffentlicht, auf der zahlreiche Fundorte des Mosbacher
Löwen erwähnt sind:
Frankreich: Château, Aldène, Lunel-Viel,
Tautavel/Arago-Höhle, La Fage, Artenac
Spanien: Torralba-Ambrona, Atapuerca/Gran Dolina
Belgien: Sprimont/Belle-Roche
England: Westbury-sub-Medip, Boxgrove
Deutschland: Dechenhöhle, Mauer, Mosbach,
Heppenloch/Gutenberger Höhle, Weimar-Süßenborn,
Weimar-Taubach, Bilzingsleben, Moggaster Höhle,
Hunas/Hartmannshof

Mosbacher Löwe (Panthera leo fossilis), links unten

Österreich: Deutsch-Altenburg 1
Tschechien: Stránská skála
Ungarn: Várhegy, Vértesszölös II
Griechenland: Petralona, Megapolis
Moldawien: Tiraspol
Italien: Torre in Pietra, Isernia

Höhlenlöwe auf einer Zeichnung des japanischen Künstlers Shuhei Tamura aus Kanagawa

Der Europäische Höhlenlöwe

Der Europäische Höhlenlöwe (*Panthera leo spelaea*) existierte
im Eiszeitalter vor etwa 300.000 bis 10.000 Jahren. Er wurde
1810 von dem Arzt und Naturforscher Georg August Goldfuß
(17826–1848) anhand eines Schädelfundes aus der Zoolithenhöhle von Burggaillenreuth bei Muggendorf in der Fränkischen
Schweiz (Bayern) erstmals wissenschaftlich beschrieben. Die
Höhlenlöwen verdanken ihren falschen Namen dem Umstand,
dass ihre Knochenreste häufig in Höhlen entdeckt wurden. In
Wirklichkeit waren diesew Löwen aber Tiere der Steppe, der
Busch- und Waldtundra und in Gebieten mit Höhlen genauso
verbreitet wie in Landschaften ohne Höhlen. Weil die Höhlenlöwen nachweislich keine Höhlen als Lebens- oder Geburtsort
nutzten, bezeichnete der deutsche Paläontologe Cajus G.
Diedrich sie als „eiszeitliche Löwen" oder „spätpleistozäne
Steppenlöwen".
Der Europäische Höhlenlöwe erreichte eine Kopfrumpflänge
von etwa 1,45 bis 2,20 Metern, wozu noch der Schwanz kam,
sowie eine Schulterhöhe von etwa 0,90 bis 1,50 Metern. Das
Gewicht der größten männlichen Höhlenlöwen wird auf mehr
als 300 Kilogramm geschätzt. Merklich größer als der Europäische Höhlenlöwe war der Amerikanische Höhlenlöwe
(Panthera leo atrox), der im Eiszeitalter vor etwa 100.000 bis
10.000 Jahren in Nord- und Südamerika lebte. Dieser Löwe
erreichte eine Kopfrumpflänge bis zu 2,50 Metern, wozu noch
der ungefähr 1,20 Meter lange Schwanz hinzu kam. Mit einer
Gesamtlänge von rund 3,70 Metern gilt der Amerikanische
Höhlenlöwe als der größte Löwe aller Zeiten. Etwas kleiner als
der Amerikanische Höhlenlöwe, aber größer als der Europäische Höhlenlöwe war der Ostsibirische Höhlenlöwe *(Panthera
leo vereshchagini)* aus Nordostasien und Berinigia, der auch
Beringia-Höhlenlöwe genannt wird. Er existierte im Eiszeitalter vor etwa 40.000 bis 10.000 Jahren. Heutige Löwen in Afri-

ka bringen es auf eine Kopfrumpflänge von etwa 1,90 Metern, wozu noch 0,90 Meter für den Schwanz hinzukommen, eine Schulterhöhe von etwa einem Meter und ein Gewicht bei männlichen Tieren von rund 175 Kilogramm. Ein in Siegsdorf (Kreis Traunstein) in Bayern entdeckter Höhlenlöwe hatte eine Kopfrumpflänge von etwa 2,10 Metern und eine Schulterhöhe von etwa 1,20 Metern.

Zum riesigen Verbreitungsgebiet der Europäischen Höhlenlöwen gehörten Europa und Nordasien. In Deutschland müssen sie vor allem im Oberpleistozän (vor etwa 125.000 bis 11.700 Jahren) sehr zahlreich gewesen sein. Darauf deuten viele Funde aus Norddeutschland, dem Ruhrgebiet, Westfalen, Rheinhessen, dem Taunus, der Fränkischen Schweiz, dem Harz, aus Thüringen und Sachsen hin. Sie belegen, dass diese Raubkatze in ganz Deutschland weit verbreitet war. Allerdings traten Höhlenlöwen nie in so großen Mengen auf wie Höhlenbären.

Auch in Frankreich, Italien, Belgien, den Niederlanden, England, der Schweiz, Österreich, Tschechien und Osteuropa stellten Höhlenlöwen keine Seltenheiten dar. Sie waren von Spanien bis nach Russland (Ural) weit verbreitet. Früher hieß es in der Fachliteratur, in Skandinavien habe es keine Höhlenlöwen gegeben. Doch 1994 erwähnte der Weimarer Paläontologe Ralf-Dietrich Kahlke einen Höhlenlöwenfund aus Südschweden.

Sogar auf dem Grund der Nordsee vor den Küsten der Niederlande und Englands hat man Fossilien von Höhlenlöwen entdeckt. Die Nordsee war in der letzten Eiszeit teilweise Festland („Nordseeland") gewesen.

Der Europäische Jaguar

Der Jaguar war im Eiszeitalter viele 100.000 Jahre lang die einzige in Europa heimische Pantherkatze. Nach den Fossilfunden zu schließen, existierten zeitlich aufeinanderfolgend der Toskanische Jaguar (*Panthera onca toscana*) und der Europäische Jaguar (*Panthera onca gombaszoegensis*).

Den Toskanischen Jaguar (früher irrtümlich auch Toskana-Löwe genannt) hat 1949 der Basler Lehrer und Paläontologe Samuel Schaub (1882–1962) nach einem Fund aus der Toskana (Italien) beschrieben. Der Europäische Jaguar wurde bereits 1938 von dem Budapester Paläontologen Miklós Kretzoi (1907–2005) nach einem Fund vom slowakischen Fundort Gombasek (Gombaszök) beschrieben.

In der Fachwelt wird darüber diskutiert, dass es sich beim Toskanischen Jaguar und beim Europäischen Jaguar um ein und dieselbe Form handeln könnte. Wenn dies zuträfe, gilt für beide Formen der wissenschaftliche Name *Panthera onca gombaszoegensis*. Manche Autoren betrachten diese beiden Jaguare – statt als Unterarten – als Arten und nennen sie deswegen *Panthera toscana* und *Panthera gombaszoegensis*.

Der Toskanische Jaguar kam vor mehr als 1,6 Millionen Jahren in Italien (Olivola) vor. In den Niederlanden (Tegelen) existierte er ebenfalls zu dieser Zeit. Ähnlich alt könnten Reste des Toskanischen Jaguars vom Eingang der Bärenhöhle bei Sonnenbühl-Erpfingen (Baden-Württemberg) sein.

In Thüringen (bei Untermaßfeld nahe Meiningen) lebte der Europäische Jaguar – nach Gebissresten zu schließen – vor mehr als einer Million Jahren. Aus der Gegend von Rotterdam (Maasvlakte) kennt man einen etwa 800.000 bis 900.000 Jahre alten Oberkieferrest des Europäischen Jaguars. Ähnlich alt ist der Oberkieferrest eines Europäischen Jaguars aus Georgien (Akhalkalaki). Erst vor rund 700.000 Jahren bekam der Jaguar in Europa Konkurrenz durch den Löwen und fast zur selben Zeit durch den Leoparden. In Hessen (Mosbach im Stadtkreis

Wiesbaden), Rheinland-Pfalz (Neuleiningen bei Grünstadt), Thüringen (Weimar-Süßenborn) und Bayern (Rabenstein bei Waischenfeld, Würzburg-Schalksberg) existierte der Europäische Jaguar vor etwa 600.000 Jahren. Ein ähnlich alter Jaguarrest wird von Alain Argant, Jacqueline Argant, Marcel Jeannet und Margarita Erbajeva aus Hundsheim in Niederösterreich erwähnt. Auffallenderweise sind in Mosbach viele Reste von Löwen, aber wenige von Jaguaren gefunden wurden. Löwe und Jaguar kamen auch in Westbury-sub-Mendip (England), Château (Frankreich), Vértesszölös (Ungarn) und Petralona (Griechenland) zusammen in der gleichen Schicht vor.

Panthera onca gombaszoegensis dürfte spätestens in der Mindel-Eiszeit (etwa 480.000 bis 330.000 Jahre) ausgestorben sein. Der Europäische Jaguar wurde früher unter zahlreichen Artnamen beschrieben.

Lebensbild des Europäischen Jaguars (Panthera onca gombaszoegensis) des japanischen Künstler Shuhei Tamura

Die Säbelzahnkatze

Die Säbelzahnkatze *Homotherium* existierte in Afrika bereits im frühen Pliozän vor etwa 5 Millionen Jahren. Bis zum Eiszeitalter lebte sie außer in Afrika auch in Europa und in Nordamerika. Die letzten Funde aus dem „Schwarzen Erdteil" sind etwa 1,5 Millionen Jahre alt. Die Säbelzahnkatzen-Gattung *Homotherium* wurde 1890 von dem italienischen Naturforscher Emilio Fabrini erstmals beschrieben (griechisch: homos = gleich, ähnlich, therion = wildes Tier).
Über eine Million Jahre alt sind die Fossilien der Säbelzahnkatzen *Homotherium crenatidens* und *Megantereon cultridens adroveri* aus einem eiszeitlichen Leichenfeld bei Untermaßfeld nahe Meiningen in Thüringen.
Nach einem Fund aus Senèze in Frankreich zu schließen, hatte *Megantereon* eine Schulterhöhe von etwa 70 Zentimetern. Die

Rekonstruktion der Säbelzahnkatze Megantereon cultridens im Naturhistorischen Museum Wien

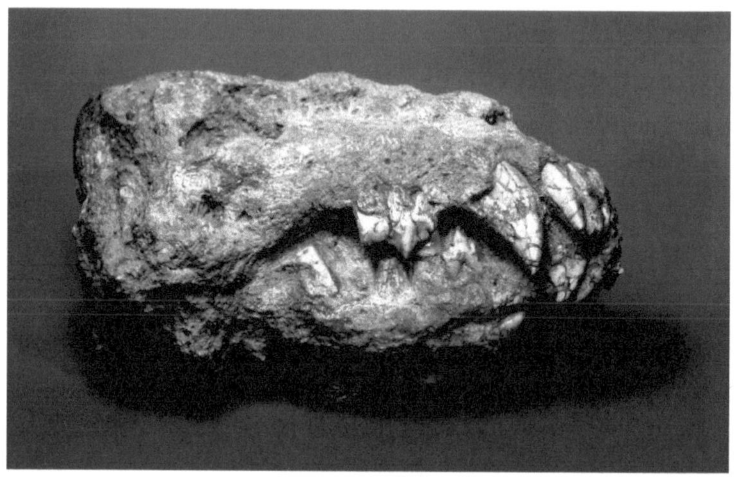

Schädel eines Jungtieres (oben) und Unterkiefer eines erwach-
senen Tieres (unten) der Säbelzahnkatze Homotherium crena-
tidens aus der Spaltenfüllung 11 im Kalksteinbruch bei Neu-
leiningen nahe Grünstadt in Rheinland-Pfalz. Originale im
Pfalzmuseum für Naturkunde, Bad Dürkheim, und in der Samm-
lung von Ulrich H. J. Heidtke, Niederkirchen (Pfalz)

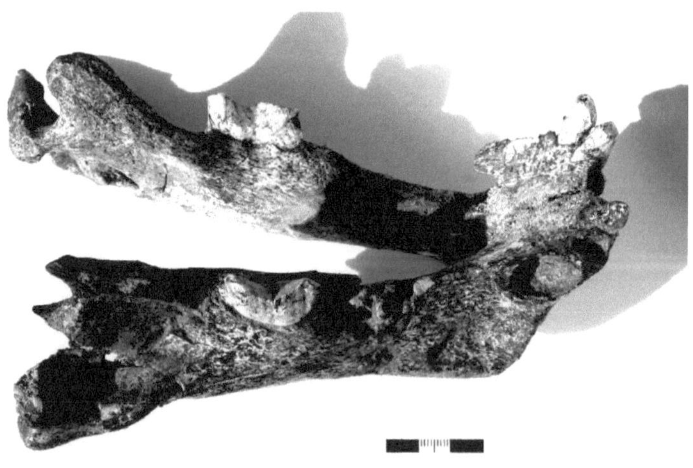

Modell der Säbelzahnkatze Homotherium, angefertigt von dem niederländischen Bildhauer Remy Bakker aus Rotterdam

Lebensbild der Säbelzahnkatze Megantereon des japanischen Künstlers Shuhei Tamura. Megantereon wird neuerdings zu den Dolchzahnkatzen gerechnet.

Länge soll etwa 1,20 Meter betragen haben. Diese Säbelzahn-katze trug einen vorstehenden Flansch am Unterkiefer sowie sehr große Eckzähne im Oberkiefer und merklich kleinere im Unterkiefer. Ihre Eckzähne besaßen eher die Größe und Form eines Dolches als die eines Säbels.

Auf Basis des *Megantereon*-Skelettfundes aus Sèneze und Zeichnungen von Mauricio Antòn ist im Naturhistorischen Museum Wien (NHM) das weltweit erste lebensechte Modell dieser Säbelzahnkatze angefertigt worden. Es entstand unter der wissenschaftlichen Leitung von Martin Lödl, Direktor der 2. Zoologischen Abteilung des NHM und Doris Nagel, Profes-sorin am Institut für Paläontologie der Universität Wien. Die Ausführung des Modells lag in den Händen von Präparator Horst-Gustav Wiedenroth und seines Teams.

Megantereon existierte vor etwa 4,5 Millionen bis 500.000 Jah-ren und war der Vorfahre der amerikanischen Säbelzahnkatze *Smilodon*. Der mehr als eine Million Jahre alte Fund von *Megantereon* aus Thüringen gilt als geologisch jüngster dieser Gattung in Europa.

Säbelzahnkatzen-Fossilien von *Homotherium crenatidens* aus den Mosbach-Sanden von Wiesbaden und den Mauerer Sanden von Mauer bei Heidelberg sind rund 600.000 Jahre alt. In den Mosbach-Sanden fand man einen Mittelhandknochen, ein Ober-armknochenfragment und ein Oberschenkelknochenfrag-ment. Aus den Mauerer Sanden kennt man zwei Eckzähne, ein Zahnfragment, drei Mittelhandknochen, drei Oberschenkel-knochen, einen in vier Teile zerbrochenen Schienbeinknochen, eine Elle und einen Handwurzelknochen. Aus Weimar-Süßenborn liegt ein vorderer Backenzahn des linken Oberkiefer-astes von *Homotherium* sp. vor, der etwas mehr als 600.000 Jahre alt ist. Ein Alter von etwa 500.000 Jahren haben der Schä-del eines Jungtieres und der Unterkiefer eines erwachsenen Tie-res der Säbelzahnkatze *Homotherium crenatidens*, die in der Spaltenfüllung 11 im Kalksteinbruch bei Neuleiningen nahe Grünstadt in Rheinland-Pfalz entdeckt wurden.

Lebensbild der Säbelzahnkatze Homotherium des japanischen Künstlers Shuhei Tamura

Auch in Niederösterreich hat man Reste der Säbelzahnkatze *Homotherium* geborgen. Aus einer Spaltenfüllung bei Hundsheim ist die Art *Homotherium moravicum* bekannt und aus Deutsch-Altenburg 1 die Art *Homotherium sainzelli*.

Lange glaubte man, die Gattung *Homotherium* sei in Europa bereits im Eiszeitalter vor etwa 500.000 oder 300.000 Jahren ausgestorben. Doch im März 2000 wurde in der Nordsee, die im Eiszeitalter zeitweise Festland („Nordseeland") gewesen war, ein nur ca. 28.000 Jahre alter Unterkieferast der Säbelzahnkatze *Homotherium latidens* entdeckt. Dieses südwestlich der Braunen Bank aufgefischte Fossil gilt als jüngster Fund einer Säbelzahnkatze in Europa und Asien. Im August 2008 holte ein niederländischer Fischkutter vor der Küste Ostenglands ein mehr als 850.000 Jahre altes Oberarmknochen-Fragment vom linken Vorderbein einer männlichen Säbelzahnkatze der Art *Homotherium crenatidens* vom Nordseegrund. Dieses Fossil ist der erste Fund dieser Säbelzahnkatze aus Nordwest-Europa.

Die Gattung *Homotherium* erreichte eine Schulterhöhe von ca. 1,10 Meter, was etwa einem heutigen Löwen entspricht. Ihr Gewicht wird auf rund 200 Kilogramm geschätzt. Ein Eckzahn einschließlich Wurzel aus dem Oberkiefer von *Homotherium crenatidens* von Untermaßfeld bei Meiningen ist 15,8 Zentimeter lang. Die Säbelzahnkatzen traten – wie Bären und der Mensch – mit der ganzen Sohle auf (Sohlengänger) anstatt nur mit den Zehen (Zehengänger) wie die meisten Katzen.

Originalfunde von Säbelzahnkatzen werden in der Forschungsstation für Quartärpaläontologie Weimar, im Naturhistorischen Museum Mainz, Urgeschichtlichen Museum von Mauer, Pfalzmuseum für Naturkunde in Bad-Dürkheim und in der Sammlung Ulrich H. J. Heidtke, Niederkirchen (Pfalz), aufbewahrt.

Säbelzahnkatzen werden oft als Säbelzahntiger bezeichnet, obwohl sie mit dem heutigen Tiger nicht verwandt sind. Auch der Begriff Säbelzahnkatzen ist umstritten, weil er falsche Vorstellungen weckt. Deswegen spricht ein Teil der Wissenschaftler von Dolchzahnkatzen.

Heutiger Leopard (Panthera pardus) in Namibia auf einem Baum. Dieses Foto glückte Siegbert Heinecke aus Böhl-Iggelheim in der Pre-Namib, etwa 35 Kilometer südöstlich von Sesriem. Heinecke hat besonderes „Leoparden-Glück": Bei jeder Reise nach Afrika konnte er einen Leoparden sehen und fotografieren. „Allerdings hat noch nie einer so still gehalten wie dieser", sagt er.

Der Leopard (Panther)

Frühe Leoparden sind in Deutschland durch zwei Funde aus den etwa 600.000 Jahre alten Mauerer Sanden von Mauer bei Heidelberg in Baden-Württemberg belegt. Im Urgeschichtlichen Museum im Rathaus von Mauer liegt der Oberkieferzahn eines Leoparden (*Panthera pardus*). Im Staatlichen Museum für Naturkunde in Karlsruhe befindet sich der Unterkiefer eines Leoparden.

Die in den Mauerer Sanden entdeckten Leopardenreste werden der Unterart *Panthera pardus sickenbergi* zugerechnet. Jene Unterart wurde 1969 von der Paläontologin Gerda Schütt († 2007) beschrieben. Der Name dieser Unterart erinnert an den Hannoveraner Geologen Otto Sickenberg (1901–1974).

Ein ähnlich hohes geologisches Alter wie der Leopard aus Südwestdeutschland hat der Panther, der in einer Spaltenfüllung von Hundsheim bei Deutsch-Altenburg in Österreich nachgewiesen wurde. An dieser berühmten Fundstelle in Niederösterreich kamen auch Fossilien vom Geparden (*Acinonyx intermedius*) und von der Säbelzahnkatze (*Homotherium moravicum*) ans Tageslicht.

Wie der Mosbacher Löwe, der Europäische Höhlenlöwe, der Ostsibirische Höhlenlöwe (Beringia-Höhlenlöwe) und der Amerikanische Höhlenlöwe gehört der Leopard zur Gattung *Panthera*. Genetischen Untersuchungen zufolge sind der Jaguar und der Löwe die nächsten Verwandten des Leoparden. Die Jaguarlinie spaltete sich vor rund 1,9 Millionen Jahren von Löwe und Leopard ab, die sich erst vor etwa 1 bis 1,25 Millionen Jahren voneinander trennten.

In Deutschland und Österreich sind etliche Reste von Leoparden aus dem Oberpleistozän (etwa 125.000 bis 11.700 Jahre) entdeckt worden. Ein Leopardenkiefer von Geinshein in Hessen wird ins Oberpleistozän datiert. Aus der Eem-Warmzeit (etwa 125.000 bis 115.000 Jahre) könnte der in der Petershöhle bei Velden (Bayern) nachgewiesene Leopard stammen. Der norddeutschen Weichsel-Eiszeit bzw. der süddeutschen Würm-Eiszeit (etwa 115.000 bis 11.700 Jahre) werden Reste von Leoparden aus der Zoolithenhöhle von Burggaillenreuth (Bayern), der ehemaligen Höhle „Teufelsbrücke" bei Saalfeld (Thüringen), der Baumannshöhle bei Rübeland (Sachsen-Anhalt) und von Niederlehme (Brandenburg) zugerechnet. Das Fragment eines Oberarmknochens von Niederlehme bei Königs Wusterhausen unweit von Berlin gilt als bisher nördlichster Fund des Leoparden in Mitteleuropa.

2002 gelang dem Wiener Paläontologen Gernot Rabeder der erste Nachweis eines Leoparden im Hochgebirge der Ostalpen. Bei einer Grabung in der Ochsenhalthöhle in etwa 1650 Meter Höhe im Toten Gebirge (Oberösterreich) entdeckte er außer zahlreichen Resten von Höhlenbären den Reißzahn eines Leoparden aus der Würm-Eiszeit vor etwa 35.000 Jahren. Vermutlich hat dieser Leopard von Bäumen aus auf junge oder auf alte und kranke Bären gelauert. Vielleicht ist der Raubkatze ein Besuch in der Ochsenhalthöhle zum Verhängnis geworden, weil ihn dort wohnende Höhlenbären zerrissen.

Heute leben Leoparden nur noch in warmen Zonen von Afrika und Asien. Nach Tiger, Löwe und Jaguar gilt der Leopard als die viertgrößte Großkatze.

In der Publikation „Pliozäne und pleistozäne Faunen Österreichs. Ein Katalog der wichtigsten Fundstellen und ihrer Faunen" (1997), herausgegeben von Doris Döppes und Gernot Rabeder, werden etliche Leopardenfunde aus Österreich erwähnt:

Hundsheimer Spaltenfüllung bei Hundsheim in der Gegend von Deutsch-Altenburg
Merkensteinhöhle bei Gainfarn im südlichen Wienerwald
Fünffenstergrotte am Kugelstein im mittleren Murtal im Grazer Bergland
Große Peggauer Wandhöhle bei Peggau im Grazer Bergland
Repolusthöhle im Badlgraben, einem Seitental des Murtales
Tropfsteinhöhle am Kugelstein bei Deutschfeistritz

Heutige Leoparden verfügen über einen ungewöhnlich guten Gehörsinn. Sie können für Menschen nicht mehr hörbare Frequenzen bis zu 45.000 Hertz wahrnehmen. Ihre Augen sind nach vorn gerichtet und weisen eine breite Überschneidung der Sehfelder auf, was ihnen ein ausgezeichnetes räumliches Sehen ermöglicht. Bei Tageslicht verfügt der Leopard über ein Sehvermögen wie ein Mensch, doch in der Nacht über ein fünf- bis sechsfach besseres Sehvermögen. Auch der Geruchssinn ist hervoragend ausgeprägt.

Jetzige Leoparden fressen Käfer, Reptilien, Vögel und Säugetiere (meistens mittelgroße Huftiere). Als Jagdmethoden praktizieren sie die Anschleichjagd oder die passive Lauerjagd. Sie können bis zu 60 Stundenkilometer schnell sprinten und mit wenigen Sätzen etliche Meter weit springen, doch schon auf mittleren Distanzen sind ihre meisten Beutetiere schneller. Leoparden versuchen deswegen, unbemerkt so nahe wie möglich an ihr Opfer heranzuschleichen, um die Distanz vor dem Angriff zu verkürzen. Auf Bäume sitzende Leoparden lassen geduldig Beutetiere unter sich vorbeiziehen,bis ein geeigneter Moment für einen Angriffeintritt. Meistens klettern sie dann vorsichtig an der für das auserwählte Opfer nicht sichtbaren Seite des Baumstammes herab oder springen – wenn der Baum nicht zu hoch ist – direkt von oben auf die Beute.Mitunter vertreiben sie auch schwächere Raubtiere –wie Geparde – von ihrer Beute oder begnügen sich mit Aas.

Im Normalfall gehen Leoparden dem Menschen aus dem Weg, was wohl auch im Eiszeitalter der Fall gewesen sein könnte. Von 1918 bis 1926 gelangte aber der so genannte Leopard von Rudrapraya in Indien zu trauriger Berühmtheit, als er angeblich insgesamt 125 Menschen tötete, bevor ihn der Großwildjäger Jim Corbett erlegte. 1924 tötete ein anderer Leopard in Punani auf Sri Lanka (früher Ceylon) insgesamt ein Dutzend Menschen.

Heutiger Schnee-Leopard (Panthera unica) im Schnee im Zoo Zürich. Fotografiert von Emmanuel Keller aus Grüt (Gossau)

*Schnee-Leopard
aus der Gegenwart
im Memphiszoo
von Memphis, Tennessee.
Foto von Art Salmons
aus Russellville
(Arkansas, USA)*

114

Der Schnee-Leopard

Der Schnee-Leopard (*Panthera unica*), auch Irbis genannt, lebte, wie Fossilfunde aus den Siwaliks in Nordpakistan beweisen, schon im Eiszeitalter vor etwa 1,4 oder 1,2 Millionen Jahren in Asien. Vorher hatte man nur wenige Fossilfunde aus dem späten Pleistozän gekannt, die aus dem Altai-Gebirge an der Westgrenze der Mongolei stammen. Der Schnee-Leopard existierte offenbar nur in Asien. Angebliche Funde aus dem Oberpleistozän (etwa 127.000 bis 11.700 Jahre) in Europa stammen vermutlich von Leoparden oder großen Luchsen. In der Literatur wird beispielsweise ein Schnee-Leoparden-Fund aus der Zoolithenhöhle von Burggaillenreuth bei Muggendorf in Bayern erwähnt.
Heutige Schnee-Leoparden haben eine Kopfrumpflänge von einem bis 1,50 Meter, eine Schulterhöhe von 0,80 bis einen Meter und ein Gewicht zwischen etwa 25 und 75 Kilogramm. Der Schnee-Leopard gilt als kleinste aller Großkatzen. Sein dickes, rauchgrau geflecktes, helles Fell schützt ihn vor beißender Kälte und ermöglicht ihm im Fels eine vorzügliche Tarnung. In der Fachliteratur heißt es über den Schnee-Leoparden, er könne sogar Tiere angreifen, die drei Mal so schwer seien wie er selbst. Er sei ein phantastischer Springer und könne Weiten bis zu 15 Metern überwinden, was ein Weltrekord im Tierreich sei.

Lebensbilder des Geparden Acinonyx pardinensis aus dem Eiszeitalter vor etwa 600.000 Jahren. Das Bild oben stammt von dem japanischen Künstler Shuhei Tamura aus Kanagawa, das Bild unten von dem deutschen Kunstmaler Fritz Wendler.

Der Gepard

Der Gepard (*Acinonyx pardinensis pleistocaenicus*) ist im mehr als eine Million Jahre alten Fundgut des eiszeitlichen Leichenfeldes bei Untermaßfeld unweit von Meiningen in Thüringen vertreten. Dort konnte man unter anderem einen Oberschädel und einen fast 37 Zentimeter langen Oberschenkelknochen dieser Raubkatze bergen, die vorher nur aus Nordchina bekannt war. Dabei handelt es sich um die ältesten Gepardenfunde in Deutschland.

Die fossile Geparden-Art *Acinonyx pardinensis* wurde 1828 von den französischen Paläontologen Abbé Jean-Baptiste Croizet und Antoine Jobert erstmals beschrieben. Der Gattungsname *Acino-nyx* kommt aus dem Griechischen und besteht aus den Wortteilen „akin" (nicht beweglich) und „onyx" (Kralle). Und der Artname *pardinensis* erinnert an den Fundort in Nähe des Dorfes Pardines an der Montage de Perrier.

Auch in etwa 600.000 Jahre alten Schichten der Mosbach-Sande von Mosbach in Wiesbaden (Hessen) ist der Gepard nachgewiesen. Originalfunde von Geparden aus den Mosbach-Sanden liegen im Naturhistorischen Museum Mainz, im Forschungsinstitut Senckenberg in Frankfurt am Main und in der Sammlung der Paläontologischen Denkmalpflege des Landesamtes für Denkmalpflege Hessen in Wiesbaden. Ähnlich alt wie die Fossilien aus Mosbach sind Reste vom Geparden aus Hundsheim in Niederösterreich. 2008 schlugen Helmut Hemmer (Mainz), Ralf-Dietrich Kahlke (Weimar) und Thomas Keller (Wiesbaden) für Geparden aus dem frühen Mittelpleistozän den wissenschaftlichen Namen *Acinonyx pardinensis* (sensu lato) *intermedius* vor.

Heutige Geparden erreichen eine Kopfrumpflänge von etwa 1,50 Meter, wozu ein rund 0,70 Meter langer Schwanz hinzukommt, und eine Schulterhöhe von etwa 0,80 Meter. Ihr Gewicht beträgt nur etwa 60 Kilogramm. Eiszeitliche Geparden waren – nach den gefundenen Skelettresten zu schließen – merklich grö-

Heutiger Gepard in Namibia. Foto: Lothar Henke, Leipzig

ßer und schwerer. Geparden gibt es heute noch in Savannen Afrikas und Asiens.

In der Publikation „Geparde im Mittelpleistozän Europas: *Acinonyx pardinensis* (sensu lato) *intermedius* (Thenius, 1954) aus den Mosbach-Sanden (Wiesbaden, Hessen, Deutschland)" (2008) von Helmut Hemmer (Mainz), Ralf-Dietrich Kahlke (Weimar) und Thomas Keller (Wiesbaden) werden folgende Fundorte von Geparden in Europa erwähnt:

Deutschland: Untermaßfeld bei Meiningen, Mosbach-Sande von Mosbach in Wiesbaden

Österreich: Hundsheim

Frankreich: Ètouaires, Ardé, Saint-Vallier

Italien: Casa Frata, Olivola

Heutiger Puma (Puma pardoides) im Zoo de la Barben in Süd-frankreich. Foto von Dominique Pipet aus Vitrolles (Frank-reich)

Der Puma

Die ältesten Fossilien, die man dem Zweig der Pumas zuord-
nen kann, kennt man aus Afrika und stammen aus dem Pliozän
vor mehr als drei Millionen Jahren. Zwei Oberkieferfragmente
eines Pumas (*Puma pardoides*) aus dem Pliozän vor mehr als
2,6 Millionen Jahren in Georgien gelten als die ältesten bekannten Fossilien dieser Raubkatze in Europa. Diese beiden Fossili-
en aus Kvabebi bei Signakhi hatte der georgische Paläontologe
Abesalom K. Vekua 1972 als Luchs (*Lynx issiodorensis)* fehlgedeutet. 2004 erkannte der Mainzer Zoolooge Helmut Hemmer
bei einer Untersuchung von Raubkatzen-Fossilien aus Kvabebi
in der Sammlung des Georgian State Museum in Tbilisi ihre
wahre Natur als Eurasischer Puma. Der Eurasische Puma *Puma
pardoides* wurde 1846 von dem englischen Paläontologen Richard Owen (1804–1892) erstmals beschrieben. Ebenfalls mehr
als 2,6 Millionen Jahre alt sind Puma-Funde aus Shamar in der
Mongolei, die als die ältesten Puma-Belege in Asien gelten.
Vor mehr als einer Million Jahren jagte der Puma (*Puma
pardoides*) auch in Thüringen, wie Funde aus dem Leichenfeld
bei Untermaßfeld nahe Meiningen beweisen. Dabei handelt es
sich um den ältesten Nachweis eines Pumas in Deutschland. In
Nordamerika ist der heutige Puma (*Puma concolor*), auch Sil-
berlöwe genannt, nicht vor 400.000 Jahren belegt.
In der Publikation „The Old World puma – *Puma pardoides*
(Owen, 1846) (Carnivora: Felidae) – in the Lower Villafranchian
(Upper Pliocene) of Kvabebi (East Georgia, Transcaucasia) and
its evolutionary and biogeographical significance" von Helmut
Hemmer (Mainz), Ralf-Dietrich Kahlke (Weimar) und Abe-
salom K. Vekua (Tbilisi) von 2004 werden zahllreiche Puma-
Fundorte in Europa erwähnt:
Spanien: La Puebla de Valverde
Frankreich: Ètouaires, Saint-Vallier, Le Vallonet
England: Newbourn

Niederlande: Tegelen
Deutschland: Untermaßfeld bei Meiningen
Tschechien: Stranskà Skála
Bulgarien: Varshets
Mongolei, Shamar, Beregovaya 1
Der heutige Puma (*Puma concolor*) wurde 1771 von dem schwedischen Naturforscher Carl von Linné (1707–1778) bzw. Linnaeus erstmals beschrieben. Pumas existieren in der Gegenwart nur noch in Nord- und Südamerika. Man nennt sie auch Silberlöwe, Berglöwe oder Kuguar. In den USA wird der Puma manchmal als Panther bezeichnet. Das ist aber ein Begriff, den man außerhalb der USA für verschiedene Großkatzen verwendet.

Puma concolor erreicht eine Schulterhöhe von etwa 70 Zentimetern. Männliche Pumas haben eine Kopfrumpflänge von durchschnittlich 1,30 Meter. Weibliche Pumas sind mit einer Kopfrumpflänge von durchschnittlich 1,10 Meter etwas kleiner. Zur Kopfrumpflänge kommt ein zwischen 66 und 78 Zentimetern langer Schwanz hinzu. Männliche Pumas wiegen bis zu 100 Kilogramm und mehr, weibliche Pumas meistens nicht mehr als 50 Kilogramm. Ein extrem großes Männchen erreichte ein Rekordgewicht von 120 Kilogramm,

Pumas gelten als Kleinkatzen, sind Einzelgänger, tragen fünf Zehen an den Vorderpfoten und vier an den Hinterpfoten und besitzen einziehbare Krallen. Sie können bis zu fünfeinhalb Meter hoch in einen Baum oder zehn Meter weit springen. Im Gegensatz zu Großkatzen brüllen sie nicht. Zwitschernde Laute dienen der Kommunikation zwischen Müttern und ihrem Nachwuchs. Schreie dagegen gehören zum Paarungsverhalten. Manche Forscher wie Truman Everts beschreiben ihren Schrei sogar als menschenähnlich.

Zum Beutespektrum der Pumas gehören Säugetiere fast aller Größen vom Elch, Hirsch, Rentier bis zu Mäusen und Ratten sowie Vögel und in manchen Gegenden auch Fische. Dagegen meiden sie Aas und Reptilien. Bei der Jagd auf größere Säuge-

tiere schleichen sich Pumas heran, springen aus kurzer Distanz auf den Rücken des Beutetieres und brechen ihm mit einem kräftigen Biss in den Hals das Genick.
In der Wildnis werden Pumas acht bis dreizehn Jahre alt. In Gefangenschaft erreichen sie ein Alter von mehr als 20 Jahren. Ein nordamerikanischer Puma namens „Scratch" starb erst im Alter von 30 Jahren.

Wissenschaftsautor Ernst Probst

Der Autor

Ernst Probst, geboren am 20. Januar 1946 in Neunburg vorm Wald im bayerischen Regierungsbezirk Oberpfalz, ist Journalist und Buchautor. Er arbeitete von 1968 bis 1971 als Volontär und Redakteur bei den „Nürnberger Nachrichten", von 1971 bis 1973 in der Zentralredaktion des „Ring Nordbayerischer Tageszeitungen" in Bayreuth und von 1973 bis 2001 bei der „Allgemeinen Zeitung", Mainz. Von 2001 bis 2006 war er zunächst als Buchverleger und später auch als Fossilien- und Antiquitätenhändler aktiv.

In seiner Freizeit schrieb Ernst Probst vor allem populärwissenschaftliche Artikel für die „Frankfurter Allgemeine Zeitung", „Süddeutsche Zeitung", „Die Welt", „Frankfurter Rundschau", „Neue Zürcher Zeitung", „Tages-Anzeiger", Zürich, „Salzburger Nachrichten", „Oberösterreichische Nachrichten", Linz, „Die Zeit", „Rheinischer Merkur", „Deutsches Allgemeines Sonntagsblatt", „bild der wissenschaft", „kosmos", „Deutsche Presse-Agentur" (dpa), „Associated Press" (AP) und den „Deutschen Forschungsdienst" (df).

Aus der Feder von Ernst Probst stammen zahlreiche Beiträge der Buchreihe „Geschichten, die die Forschung schreibt" sowie die Bücher „Deutschland in der Urzeit" (1986), „Deutschland in der Steinzeit" (1991), „Rekorde der Urzeit" (1992), „Dinosaurier in Deutschland" (1993 zusammen mit Raymund Windolf) und „Deutschland in der Bronzezeit" (1996).

2001 veröffentlichte Ernst Probst eine 14-bändige Taschenbuchreihe mit Biografien über berühmte Frauen („Superfrauen"). Insgesamt publizierte er mehr als 100 Bücher, Taschenbücher, Broschüren und E-Books, darunter „Königinnen der Lüfte", „Königinnen des Tanzes", „Superfrauen aus dem Wilden We-

sten", „Julchen Blasius. Die Räuberbraut des Schinderhannes",
„Der Schwarze Peter. Ein Räuber im Hunsrück und Odenwald",
„Johann Jakob Kaup. Der große Naturforscher aus Darmstadt",
„Monstern auf der Spur. Wie die Sagen über Drachen, Riesen
und Einhörner entstanden", „Der Ur-Rhein", „Der Rhein-Ele-
fant", „Deutschland im Eiszeitalter", „Der Höhlenbär" sowie
etliche Titel über Dinosaurier und Raubkatzen.
Zusammen mit seiner Ehefrau Doris gab Ernst Probst die Titel
„Der Ball ist ein Sauhund. Weisheiten und Torheiten über Fußball" sowie „Worte sind wie Waffen. Weisheiten und Torheiten
über die Medien" heraus. Gemeinsam mit seiner Tochter Sonja
war er Herausgeber des Titels „Meine Worte sind wie die Sterne. Die Entstehung der Rede des Häuptlings Seattle".
In Teamarbeit mit dem Paläontologen Dr. Jens Lorenz Franzen
(früher Forschungsinstitut Senckenberg in Frankfurt am Main)
aus Titisee-Neustadt und Altbürgermeister Heiner Roos aus
Eppelsheim veröffentlichte Ernst Probst den Museumsführer
„Das Dinotherium-Museum in Eppelsheim".

Literatur

ABEL, Othenio: Die vorzeitlichen Säugetiere, Jena 1914

ABEL, Othenio: Lebensbilder aus der Tierwelt der Vorzeit, Jena 1921

ADAM, Karl Dietrich / BERCKHEMER (†), Fritz: Der Urmensch und seine Umwelt im Eiszeitalter auf Untertürkheimer Markung. Aus: BRUDER, Hermann (Hrsg.): Herzstück im Schwabenland. Untertürkheim und Rotenberg. Ein Heimatbuch, S. 1–88, Stuttgart 1983

AMBROS, Dieta / HILPERT, Brigitte / REISCH, Ludwig / ROSENDAHL, Wilfried: Steinberg-Höhlenruine bei Hunas (HFA A 236). Aus: AMBROS, Dieta / GROPP, Christof / HILPERT, Brigitte / KAULICH, Brigitte: Neue Forschungen zum Höhlenbären in Europa. Abhandlungen der Naturhistorischen Gesellschaft Nürnberg, 45/2005, S. 325–342, Nürnberg 2005

ARGANT, Alain: Les sités paléontologiques du Pleistocène moyen en Mâconnais. Bull. Soc. Préhist. Franc, 97, 4, S. 609–623, Paris 2000

ARGANT, Alain / ARGANT, Jacqueline / JEANNET, Marcel / ERBAJEVA, Margarita: The big cats of the fossil site Château Breccia Northern Section (Saône-et-Loire, Burgundy, France): stratigraphy, palaeoenvironment, ethology and biochronological dating. Courier Forschungs-Institut Senckenberg, 259, S. 121–140, Frankfurt am Main 2007

ATHEN, Kerstin: Höhlenlöwen im Westerwald? – Ein Knochenfragment von Breitscheid-Erdbach, S. 20–22, Wiesbaden 2004

BERCKHEMER, Fritz: Neue Funde von Resten eiszeitlicher Löwen aus Württemberg. Jahreshefte des Vereins für vaterländische Naturkunde in Württemberg. Jahrgang 83, S. 75–76, Stuttgart 1927

BOSINSKI, Gerhard / LANSER, Klaus Peter: Urgeschichte. Aus: Das Eiszeitalter im Ruhrland. Führer des Ruhrlandmuseums, Heft Nr. 2, S. 25, Köln 1982

BRÜNING, Herbert: Die eiszeitliche Tierwelt im Rhein-Main-Gebiet, Mosbacher Sande. Museumsführer Nr. 4, Naturhistorisches Museum Mainz, 1972

BRÜNING, Herbert: Vom Eiszeitalter im Mainzer Becken. Museumführer Nr. 3, Naturhistorisches Museum Mainz, 1973

BRÜNING, Herbert: Die eiszeitliche Tierwelt von Mosbach. Ihre Umwelt – ihre Zeit. Museumsführer Nr. 6, Rheinische Naturforschende Gesellschaft zu Mainz in Verbindung mit dem Naturhistorischen Museum Mainz, 1980

BURGER, Joachim / ROSENDAHL, Wilfried / LOREILLE, Odile / HEMMER, Helmut / ERIKSSON, Torsten / GÖTHERSTRÖM, Anders / HILLER, Jennifer / COLLINS, Matthew / WESS, Timothy / ALT, Kurt W.: Molecular phylogeny of the extinct cave lion *Panthera leo spelaea*, Molecular Phylogenetics and Evolution, Vol. 30, p. 841–849, Elsevier, San Diego 2004

CROIZET, L'Abbe Jean-Baptiste / JOBERT, Antoine: Recherches sur les ossemens fossiles du département du Puy-de-Dome, Paris 1928

DIEDRICH, Cajus G.: Freilandfunde des oberpleistozänen Löwen *Panthera leo spelaea* (Goldfuss 1810) in Westfalen (Norddeutschland). Philippia 11 (3), S. 219–226, Kassel 2004

DIETRICH, Wilhelm Otto: Fossile Löwen im europäischen und afrikanischen Pleistozän. Paläontologische Abhandlungen, Abt. A, Paläozoologie, 3, S. 323–366, Berlin 1968

DÖPPES, Doris / RABEDER, Gernot: Pliozäne und pleistozäne Faunen Österreichs. Ein Katalog der wichtigsten Fundstellen und ihrer Faunen (Endbericht des Forschungsberichtes Nr. 9320 des „Fonds zur Förderung der wissenschaftlichen Forschung") mit Beiträgen von Petra Cech, Doris Döppes, Thomas Einwögerer, Florian A. Fladerer, Christa Frank, Karl Mais, Doris Nagel, Marion Niederhuber, Martina Pacher, Rudolf Pavuza,

Gernot Rabeder, Christian Reisinger, Harald Temmel, Gerhard Withalm. Mitteilungen der Kommission für Quartärforschung der Österreichischen Akademie der Wissenschaften, Band 10, Wien 1997

ESPER, Johann Friedrich: Ausführliche Nachricht von neuentdeckten Zoolithen unbekannter vierfüssiger Thiere und denen sie enthaltenden, so wie verschiedenen anderen, denkwürdigen Grüften der Oberbürgischen Lande des Marggrafthums Bayreuth, Nürnberg 1774

FABER, Rolf: Moskebach – Biebrich-Mosbach 991–1971. Chronik von Dr. Rolf Faber im Auftrag des Verschönerungs- und Verkehrsvereins Biebrich am Rhein e. V., Wiesbaden-Biebrich 1991

FISCHER, Karlheinz: Neufunde von jungpleistozänen Höhlenlöwen *Panthera leo spelaea* (GOLDFUSS, 1810) in Rübeland (Harz). Braunschweiger naturkundliche Schriften, 4, Heft 3, S. 455–471, Braunschweig 1994

FISCHER, Karlheinz: Ein Leoparden-Fund, *Panthera pardus* (L., 1758), aus dem jungpleistozänen Rixdorfer Horizont von Berlin und die Verbreitung des Leoparden im Pleistozän Europas. Mitteilungen aus dem Museum für Naturkunde in Berlin, Geowiss. Reihe 3, S. 211–227, Berlin 2000

FISCHER, Karlheinz: Ein Höhlenlöwenskelett (*Panthera spelaea* Goldfuss, 1810) aus interglazialen Seesedimenten der Saalezeit von Neumark-Nord bei Merseburg in Sachsen-Anhalt. Prähistorica Thuringica 6/7, S. 98–192, Artern 2001

GOLDFUSS, Georg August: Die Umgebungen von Muggendorf, Erlangen 1810

GOLDFUSS, Georg August: Osteologische Beiträge zur Kenntniß verschiedener Saeugthiere der Vorwelt: IV. Ueber den Schaedel des Hoehlenloewen. Verhandlungen der kaiserlichen leopoldinischen carolinaeischen Akademie der Naturfreunde, 10, S. 489–494, Bonn 1821

GOLDFUSS, Georg August: Osteologische Beiträge zur Kenntniß verschiedener Saeugthiere der Vorwelt (Fortsetzung). Verhandlungen der kaiserlichen leopoldinischen carolinaeischen Akademie der Naturfreunde, 11, S. 449–490, Bonn 1823

GROISS, Josef Theodor: Der Höhlentiger *Panthera tigris spelaea* (Goldfuss). Neues Jahrbuch für Geologie und Paläontologie Monatshefte (7), S. 399–414, Stuttgart 1966

GROISS, Josef Theodor: Neufunde von quartären Großsäugern aus der Moggaster Höhle bei Ebermannstadt (Ofr.). Archaeopteryx, 10, S. 31–49, Eichstätt 1992

GROSS, Carin: Das Skelett des Höhlenlöwen (*Panthera leo spelaea)* (GOLDFUSS, 1810) aus Siegsdorf/Ldkr. Traunstein im Vergleich mit anderen Funden aus Deutschland und den Niederlanden. Inaugural-Dissertation Tierärztliche Fakultät der Universität München, S. 1–129, München 1992

HEIDTKE, Ulrich: Eine Großsäuger-Fauna aus dem älteren Pleistozän der Pfalz (Spaltenfüllung Neuleiningen 11). Mitteilungen der Pollichia, 67, S. 135–141, Bad Dürkheim 1979

HELLER, Florian: Jüngstpliozäne Knochenfunde in der Moggaster Höhle (Fränkische Schweiz). Centralblatt für Mineralogie, Jahrgang 1930, Abt. B, Nr. 4, S. 154–159, München 1930

HELLER, Florian: Ein Schädel von *Felis spelaea* Goldf. aus der Frankenalb (zugleich ein Beitrag zum Löwe-Tiger-Problem der diluvialen Großkatze. Erlanger geologische Abhandlungen Heft 7, S. 1–23, Erlangen 1953

HELLER, Florian: Zur Diluvialfauna des Fuchsenloches bei Siegmannsbrunn, Ldkr. Pegnitz (Die Funde der Gumpert'schen Grabungen). Geol. Bl. NO-Bayern, 5 (2), S. 49–70, Erlangen 1955

HELLER, Florian: Die Fauna. Aus: ZOTZ, Lothar: Das Paläolithikum in den Weinberghöhlen bei Mauern. Quartärbibliothek 2, S. 220–307, Bonn 1955

HELLER, Florian: Die Fauna der Breitenfurter Höhle im Landkreis Eichstätt. Erlanger geologische Abhandlungen, Heft, 19, S. 2–32, Erlangen 1956

HELLER, Florian: Würmeiszeitliche und letztinterglaziale

Faunenreste von Lobsing bei Neustadt/Donau. Erlanger geologische Abhandlungen, Heft 34, S. 19–33, Erlangen 1960

HELLER, Florian: Ein Höhlenlöwenfund in der Moggaster Höhle. Mitteilungsblatt der Abteilung für Karst- und Höhlenkunde der Naturhistorischen Gesellschaft Nürnberg, 8. Jahrgang 1975, Heft 2, S. 29–38, Nürnberg 1975

HEMMER, Helmut: Fossilbelege zur Verbreitung und Artgeschichte des Löwen, *Panthera leo* (Linné, 1758). Säugetierkundliche Mitteilungen 15, S. 289–300, München 1967

HEMMER, Helmut: Zur Kenntnis pleistozäner mitteleuropäischer Pantherkatzen (Pantherinae), Teil I. Veröffentlichungen der Zoologischen Staatssammlung, 1, S. 15–36, München 1971

HEMMER, Helmut: Untersuchungen zur Stammesgeschichte der Pantherkatzen (Pantherinae), Teil III. Zur Artgeschichte des Löwen Panthera (Panthera) leo (Linnaeus 1758). Veröffentlichungen der Zoologischen Staatssammlung München, Band 17, S. 167–280, München 1974

HEMMER, Helmut: Die Carnivorenreste (mit Ausnahme der Hyänen und Bären) aus den jungpleistozänen Travertinen von Taubach bei Weimar. Quartärpaläontologie 2, S. 379–387, Berlin 1977

HEMMER, Helmut: Die Feliden aus dem Epivillafranchium von Untermaßfeld. Aus: KAHLKE, Ralf-Dietrich (Hrsg.): Das Pleistozän von Untermaßfeld bei Meiningen (Thüringen). Teil 3. Monographien des Römisch-Germanischen Zentralmuseums, 40/3, S. 699–782, Mainz 2001

HEMMER, Helmut: Pleistozäne Katzen Europas – eine Übersicht. Cranium, Amsterdam 2004

HEMMER, Helmut / KAHLKE, Ralf-Dietrich / KELLER, Thomas: *Panthera onca gombaszoegensis* aus den frühmittelpleistozänen Mosbach-Sanden (Wiesbaden, Hessen, Deutschland). Ein Beitrag zur Kenntnis der Variabilität und Verbreitungsgeschichte des Jaguars. Neues Jahrbuch für Geologie und Paläontologie, Abhandlungen, 229 (1), S. 31–60, Stuttgart 2003

HEMMER, Helmut / KAHLKE, Ralf-Dietrich / VEKUA, Abesalom K.: The Jaguar – *Panthera onca gombaszoegensis* (KRETZOI, 1938) (Carnivora: Felidae) in the late Lower Pleistocene of Akhalkalaki (South Georgia; Transcaucasia) and its evolutionary and ecological significance. Géobios, 34 (4), S. 475–486, Villeurbanne 2001

HEMMER, Helmut / KAHLKE, Ralf-Dietrich / VEKUA, Abesalom K.: The Old World puma – *Puma pardoides* (Owen, 1946) (Carnivora: Felidae) – in the lowe Villafranchian (Upper Pliocene) of Kvabesi (East Georgia, Transcaucasia) and its evolutionary and biogeographical significance. Neues Jahrbuch für Geologie und Paläontologie, Abhandlungen 233 (2), S. 197–321, Stuttgart 2004

HEMMER, Helmut / KAHLKE, Ralf-Dietrich: Nachweis des Jaguars (Panthera onca gombaszoegensis) aus dem späten Unter- oder frühen Mittelpleistozän der Niederlande. Deinsea, Annual oft the Natural History Museum Rotterdam, S. 47–57, Rotterdam 2005

HEMMER, Helmut / KAHLKE, Ralf-Dietrich / KELLER, Thomas: Geparde im Mittelpleistozän Europas: Acinonyx pardinensis (sensu lato) intermedius (Thenius, 1954) aus den Mosbach-Sanden (Wiesbaden, Hessen, Deutschland). Neues Jahrbuch für Geologie und Paläontologie, Abhandlungen, 249 (3), S. 345–356, Stuttgart 2008

HEMMER, Helmut / SCHÜTT, Gerda: Ein Gepardenfund aus den Mosbacher Sanden (Altpleistozän, Wiesbaden). Mainzer Naturwissenschaftliches Archiv, 9, S. 118–131, Mainz 1970

HERRMANN, Joachim (Hrsg.): Archäologie in der Deutschen Demokratischen Republik. Denkmale und Funde 1, Archäologische Kulturen, geschichtliche Perioden und Volksstämme, Stuttgart 1989

HERRMANN, Joachim (Hrsg.): Archäologie in der Deutschen Demokratischen Republik. Denkmale und Funde 2, Fundorte und Funde, Stuttgart 1989

HILPERT, Brigitte / KAULICH, Brigitte / ROSENDAHL, Wilfried: Die Zoolithenhöhle bei Burggaillenreuth (Fränkische Alb, Süddeutschland). Forschungsgeschichte, Geologie, Paläontologie und Archäologie. Aus: AMBROS, Dieta / GROPP, Christof / HILPERT, Brigitte / KAULICH, Brigitte: Neue Forschungen zum Höhlenbären in Europa. Abhandlungen der Naturhistorischen Gesellschaft Nürnberg, 45, S. 259–304, Nürnberg 2005

HILPERT, Brigitte / KAULICH, Brigitte: Die Petershöhle bei Velden (Fränkische Alb, Süddeutschland). Lage, Forschungsgeschichte, Stratigraphie, Paläontologie, Archäologie und Chronologie. Aus: AMBROS, Dieta / GROPP, Christof / HILPERT, Brigitte / KAULICH, Brigitte: Neue Forschungen zum Höhlenbären in Europa. Abhandlungen der Naturhistorischen Gesellschaft Nürnberg, 45/2005, S. 343–364, Nürnberg 2005

HILZHEIMER, Max: Zwei Radien von *Felis spelaea* aus der Mark Brandenburg. Zeitschrift der Geschiebeforschung und Flachlandgeologie 3, S. 79–81, Leipzig 1927

HÖRMANN, Konrad: Der hohle Fels bei Happurg. Abhandlungen der Naturhistorischen Gesellschaft Nürnberg, 20, S. 21–64, Nürnberg 1913

HÖRMANN, Konrad: Die Petershöhle bei Velden in Mittelfranken. Abhandlungen der Naturhistorischen Gesellschaft Nürnberg, 24, Heft 2, S. 15–90, Nürnberg 1923

HÖRMANN, Konrad und Mitarbeiter: Grabungsberichte der Anthropologischen Sektion. Die Petershöhle bei Velden in Mittelfranken, eine altpaläolithische Station. Abhandlungen der Naturhistorischen Gesellschaft Nürnberg, 21, Heft 4, S. 123–153, Nürnberg 1923

HUBER, Fritz: Die nördliche Frankenalb, ihre Geologie, Höhlen und Karsterscheinungen. Band 2, Die Höhlen des Karstgebietes A Königstein. Jahreshefte für Karst- und Höhlenkunde, 8/2, München 1967

HÜLLE, Werner M.: Die Ilsenhöhle unter Burg Ranis Thüringen, München 1977

JAEKEL; Otto: Prähistorische Löwen aus dem Formenkreis der Felis spelaea. Zoologischer Anzeiger 70, S. 225–236, Leipzig 1927

KAHLKE, Hans-Dietrich: Die Eiszeit, Leipzig 1994

KAHLKE, Hans-Dietrich (Hrsg.): Das Pleistozän von Weimar-Ehringsdorf. Teil 1. Abhandlungen des Zentralen Geologischen Instituts, Paläontologische Abhandlungen, 21, Berlin 1974

KAHLKE, Hans-Dietrich (Hrsg.): Das Pleistozän von Weimar-Ehringsdorf. Teil 2. Abhandlungen des Zentralen Geologischen Instituts, Paläontologische Abhandlungen, 21, Berlin 1975

KAHLKE, Hans-Dietrich (Hrsg.): Das Pleistozän von Burgtonna in Thüringen. Quartärpaläontologie 3, Berlin 1978

KAHLKE, Hans-Dietrich (Hrsg.): Das Pleistozän von Taubach bei Weimar. Quartärpaläontologie, 2, Berlin 1977

KAHLKE, Hans-Dietrich (Hrsg.): Das Pleistozän von Burgtonna in Thüringen. Quartärpaläontologie, 3, Berlin 1978

KAHLKE, Ralf-Dietrich (Hrsg.): Das Pleistozän von Untermaßfeld bei Meiningen (Thüringen). Teil 1. Monographien des Römisch-Germanischen Zentralmuseums, Mainz 1997

KAHLKE, Ralf-Dietrich (Hrsg.): Das Pleistozän von Untermaßfeld bei Meiningen (Thüringen). Teil 2. Monographien des Römisch-Germanischen Zentralmuseums, Mainz 2001

KAHLKE, Ralf-Dietrich (Hrsg.): Das Pleistozän von Untermaßfeld bei Meiningen (Thüringen). Teil 3. Monographien des Römisch-Germanischen Zentralmuseums, Mainz 2001

KAHLKE, Ralf-Dietrich: Bedeutende Fossilvorkommen des Quartärs in Thüringen. Teil 5: Großsäugetiere. Aus: KAHLKE, Ralf-Dietrich / WUNDERLICH, Jürgen (Hrsg.): Tertiär und Quartär in Thüringen. Beiträge zur Geologie von Thüringen, Neue Folge 9, S. 207–232, Jena 2002

KAISER, Thomas M. / KELLER, Thomas / TANKE, Walter: Ein neues pleistozänes Wirbeltiervorkommen im Paläokarst Mittelhessens (Breitscheid-Erdbach, Lahn-Dill-Kreis. Geologisches Jahrbuch Hessen 126, S. 71–79, Wiesbaden 1998

KELLER, Thomas: Die eiszeitlichen Mosbach-Sande bei Wiesbaden. Paläontologische Denkmäler in Hessen 3, Wiesbaden 1994

KELLER, Thomas / LÖSCHER, Manfred: Biostratigra-phische Altersbestimmung an eiszeitlichen Faunenfundstellen: Das Projekt Mauer-Mosbach. Denkmalpflege & Kulturgeschichte, 2, S. 38–40, Wiesbaden 2008

KLÄHN, Hans: Ein Fund von *Felis leo* im Löss von Heitersheim i. B. Mitteilungen der Großherzoglich Badischen Geologischen Landesanstalt 9 (1), S. 353–366, Heidelberg 1922

KOENIGSWALD, Gustav Heinrich Ralph von: Fossil cats from the Tegelen clay. Publicaties van het Naturhistorisch Genootschap in Limburg, 12, S. 19–27, Limburg 1960

KOENIGSWALD, Wighart von: Zur Ökologie und Biostratigraphie der beiden pleistozänen Faunen von Mauer bei Heidelberg. Aus: BEINHAUER, Karl W. / WAGNER, Günther A.: Schichten von Mauer. 85 Jahre *Homo erectus heidelbergensis,* S. 101–110, Mannheim 1992

KOENIGSWALD, Wighart von (Hrsg.): Eiszeitliche Tierfährten aus Bottrop-Welheim. Münchener Geowissenschaftliche Abhandlungen, Reihe A, Band 27, München 1995

KOENIGSWALD, Wighart von: Lebendige Eiszeit, Stuttgart 2002

KOENIGSWALD, Wighart von / MÜLLER-BECK, Hansjürgen / PRESSMAR, Emma: Die Archäologie und Paläontologie in den Weinberghöhlen bei Mauern (Bayern). Grabungen 1937–1967, Tübingen 1974

KOENIGSWALD, Wighart von / SCHMITT, Erich: Eine pathologisch veränderte Löwentibia aus dem Jungpleistozän der nördlichen Oberrheinebene. Natur und Museum 117, S. 272–277, Frankfurt am Main 1987

KOENIGSWALD, Wighart von / NAGEL, Doris / MENGER, Frank: Ein jungpleistozäner Leopardenkiefer von Geinsheim (nördliche Oberrheinebene, Deutschland) und die stratigraphische und ökologische Verbreitung von *Panthera pardus*. Neues Jahrbuch für Geologie und Paläontologie, Monatshefte (5), S. 177–297, Stuttgart 2006

KOLFSCHOTEN, Thijs van: The Eemian mammal fauna of central Europe. Geologie en Mijnbouw / Netherlands Journal of Geosciences 79 (2/3), S, 269–281, Utrecht 2000

KRETZOI, Miklós: Die Raubtiere von Gombaszök nebst einer Übersicht der Gesamtfauna. Annales historico-naturales Musei Nationalis Hungarici, Pars Mineralogica, Geologica, Paleontologica 31, S. 88–157, Budapest 1938

LANSER, Klaus-Peter: Die Krefelder Terrasse und ihr Liegendes im Bereich Krefeld. Inaugural-Dissertation zur Erlangung des Doktorgrades der Mathematisch-Naturwissenschaftlichen Fakultät der Universität zu Köln, Köln 1983

LANSER, Klaus-Peter: Ausgrabungen in alten Kisten – Die Knochenfunde aus der Balver Höhle. Begleitbuch zur Ausstellung Von Anfang an. Archäologie in Nordrhein-Westfalen. Römisch-Germanisches Museum der Stadt Köln, S. 314–317, Köln 2005

LIEBE, Karl Theodor: Die Lindenthaler Hyänenhöhle und andere diluviale Knochenfunde in Ostthüringen. Archiv für Anthropologie, 9, Braunschweig 1876

MAI, Dieter Hans / NÖTZOLD, Tilo / TÖPFER, Volker / VLCEK, Emanuel / HEINRICH, Wolf-Dieter: Bilzingsleben II. *Homo erectus* – seine Kultur und Umwelt. Veröffentlichungen des Landesmuseums für Vorgeschichte Halle, 36, Berlin 1983

MANIA, Dietrich / TÖPFER, Volker: Königsaue – Gliederung, Ökologie und paläolithische Funde der letzten Eiszeit. Veröffentlichungen des Landesmuseums für Vorgeschichte Halle, 26, Berlin 1973

MANIA, Dietrich: Auf den Spuren des Urmenschen. Die Funde auf der Steinrinne bei Bilzingsleben, Berlin-Stuttgart 1990

MANIA, Dietrich / HEINRICH, Wolf-Dieter / FISCHER, Karlheinz / BÖHME, Gottfried / TURNER, Alan / ERD, Klaus /

MAI, Dieter Hans: Bilzingsleben V. *Homo erectus* – seine Kultur und Umwelt, Bad Homburg-Leipzig 1997

MANIA, Dietrich / THOMAE, Matthias (Mitarbeit von Manfred Altermann, Wolf-Dieter Heinrich, Jan van der Made, Hans Dieter Mai, Maria Seifert-Eulen): Zur stratigraphischen Gliederung der Saalezeit im Saalegebiet und Harzvorland. Praehistoria Thuringica, Sonderheft, S. 3–44, Langenweisbach 2008

MOL, Dick / LOGCHEM, Wilrie van / HOOIJDONK, Kees van / BAKKER, Remie: De sabeltandtijger uir de Noordzee, Norg 2007

NAGEL, Doris: *Panthera pardus* und *Panthera spelaea* (Felidae) aus der Höhle von Merkenstein/Niederösterreich. Wissenschaftliche Mitteilungen des Niederösterreichischen Landesmuseums, 10, S. 215–224, St. Pölten

NAPIERALA, Hannes: Die Tierknochen aus dem Kesslerloch. Neubearbeitung der paläolithischen Fauna. Beiträge zur Schaffhauser Archäologie 2, Schaffhausen 2008

NIELBOCK, Ralf: Faunen des Eiszeitalters. Funde und Grabungen in Schlotten und Höhlen des Südharzes, Hannover 1998

PROBST, Ernst: Deutschland in der Urzeit, München 1986

PROBST, Ernst: Wie die Löwen die Welt eroberten. Aus: PREUSS, Karl-Heinz / SIMEN, Rolf H.; Geschichten, die die Forschung schreibt, Band 9, 60 Reisen durch die Wissenschaft, S. 71–73, Bonn 1990

PROBST, Ernst: Deutschland in der Steinzeit, München 1991

PROBST, Ernst: Rekorde der Urzeit, München 2008

PROBST, Ernst: Rekorde der Urmenschen, München 2008

PROBST, Ernst: Höhlenlöwen, München 2009

PROBST; Ernst: Säbelzahnkatzen, München 2009

RABEDER, Gernot: Die Höhlenbären von Conturines, Bozen 1991

RABEDER, Gernot: Der Panther vom Steinfeld. Die neuesten Ergebnisse der Grabung in der Ochsenhalthöhle. Unser Weißenbach 4, 15, Weißenbach bei Liezen 2003

RABEDER, Gernot / FRISCHAUF, Christine / WITHALM,

Gerhard: Die Conturineshöhle und der Ladinische Bär. Bad Vöslau 2006

RATHGEBER, Thomas: Die quartären Säugetier-Faunen der Bären- und Karlshöhle bei Erpfingen im Überblick. Laichinger Höhlenfreund, Jg. 38, Nr. 2, S. 107–144, Laichingen 2003

RATHGEBER, Thomas: Die quartäre Tierwelt der Höhlen um Veringenstadt (Schwäbische Alb). Laichinger Höhlenfreund, Jg. 39, Nr. 1, S, 207–228, Laichingen 2004

RATHGEBER, Thomas / LEHMKUHL, Achim: Sibyl-lenhöhle auf der Teck / Sibyllen cave at the Teck hill. Aus: ROSENDAHL, Wilfried / MORGAN, Mark / LOPEZ CORREA, Matthias: Cave-Bear-Researches/Höhlen-Bären-Forschungen. Abhandlungen zur Karst- und Höhlenkunde, Heft 34, S. 100–106, München 2002

REICHENAU, Wilhelm von: Beiträge zur näheren Kenntnis der Carnivoren aus den Sanden von Mauer und Mosbach. Abhandlungen der Großherzoglichen Hessischen Geologischen Landesanstalt zu Darmstadt, Band IV, Heft 2, S. 189–313, Darmstadt 1906

REINHARDT, Brigitte / WEHRBERGER, Kurt: Der Löwenmensch. Ulmer Museum, Ulm 2005

ROSENDAHL, Wilfried: Höhleninhalte – Spiegelbilder pleistozäner Umweltverhältnisse. Aus: ROSENDAHL, Wilfried / HOPPE, Andreas: Angewandte Geowissenschaften in Darmstadt. Schriftenreihe der Deutschen Geologischen Gesellschaft, Heft 15, S. 145–156, Hannover 2002

ROSENDAHL, Wilfried / DARGA, Robert: Klima, Umwelt und Mensch im Oberpleistozän des Chiemgaus – neue Daten und Befunde. Terra Nostra, 6, S. 305–309, Potsdam 2002

ROSENDAHL, Wilfried / DARGA, Robert: *Homo sapiens neanderthalensis* et *Panthera leo spelaea* – du noveau à propos du site de Siegsdorf (Chiemgau), Bavière/Allemagne. Revue du Paléobiologie 23 (2), S. 653–658, Genève 2004

ROSENDAHL, Wilfried / DARGA, Robert: Zur Anwesenheit des mittelpaläolithischen Menschen im südostbayerischen Alpenvorland. Bayerische Vorgeschichts-blätter, 69, München 2004

ROSENDAHL, Wilfried / DARGA, Robert / BURGER, Joachim: Die pleistozäne Großsäugerfauan von Siegsdorf (Süddeutschland) – neue Untersuchungen. Mitt. Komm. Quartärforsch. Österr. Akad. Wiss. 14, S. 153–160, Wien 2005

ROSENDAHL, Wilfried / ROSENDAHL, Gaelle: Die Neandertaler – zum Leben und Wesen der ältesten Chiemgauer. Aus: BINSTEINER, Alexander / DARGA, Robert (Hrsg.): Steinzeit im Chiemgau, S. 31–36, München 2003

RUTTE, Erwin: Die Fundstelle altpleistozäner Wirbeltiere von Randersacker bei Würzburg. Geologisches Jahrbuch, 73, S. 737–754, Hannover 1958

SANDBERGER, Fridolin: Ueber die pleistocänen Kalktuffe der fränkischen Alb nebst Vergleichungen mit Analogen. Sitzungsberichte der mathematisch-physikalischen Classe der Königlich bayerischen Akademie der Wissenschaften zu München, 23, S. 3–16, München 1893

SANDER, Anne: Ein Jaguar-Neufund aus den mittelpleistozänen Mosbach-Sanden. Hessen Archäologie 2003, herausgegeben von der Archäologischen und Paläontologischen Denkmalpflege des Landesamtes für Denkmalpflege Hessen, S. 17–19, Wiesbaden 2003

SCHAUB, Samuel: Revision de quelques Carnassiers villafranchiens du Niveau des Etouaires (Montage de Perrier, Puy de Dome). Eclogae geologicae Helvetiae 42 (2), S. 492–506, Basel 1949

SCHLOSSER, Max: Über Höhlen bei Mörnsheim (Mittelfranken) und Ausgrabungen bei Velburg (Oberpfalz). Correspondenz-Blatt der Deutschen Gesellschaft für Anthropologie, Ethnologie und Urgeschichte, 30, Nr. 2, S. 9–14, München 1899

SCHLOSSER, Max / BIRKNER, Ferdinand / OBERMAIER, Hugo: Die Bären- oder Tischofer Höhle im Kaisertal bei Kufstein. Abhandlungen der Mathematisch-Physikalischen Königlich Bayerischen Akademie der Wissenschaften, Band 24, S. 385–506, München 1910

SCHLOSSER, Max: Über neuere Untersuchungen von Höhlen in Bayern. Centralblatt für Mineralogie, Jahrgang 1926, Abt. B, S. 361–365, Stuttgart 1926

SCHMID, Elisabeth: Variations-statistische Untersuchungen am Gebiss pleistozäner und rezenter Leoparden und anderer Feliden. Zeitschrift für Säugetierkunde, Stuttgart 1940

SCHMIDT, Robert Rudolf / KOKEN, Ernst / SCHLIZ, Alfred: Die diluviale Vorzeit Deutschland, Stuttgart 1912

SCHMITTGEN, Otto: *Felis pardus* spec. L. aus dem Mosbacher Sand. Sonderdruck aus „Jahrbücher des Nassauischen Vereins für Naturkunde", Jahrgang 74, S. 51–58, München und Wiesbaden 1922

SCHÜTT, Gerda: Untersuchungen am Gebiß von *Panthera leo fossilis* (V. Reichenau 1906) und *Panthera leo spelaea* (Goldfuss 1810). Ein Beitrag zur Systematik der pleistozänen Großkatzen Europas. Neues Jahrbuch für Geologie und Paläontologie, Abhandlungen 134, S. 192–220, Stuttgart 1969

SCHÜTT, Gerda: Die jungpleistozäne Fauna der Höhlen bei Rübeland im Harz. Quartär, 20, S. 79–125, Bonn 1969

SCHÜTT, Gerda: *Panthera pardus sickenbergi* n. subsp. aus den Mauerer Sanden. Neues Jahrbuch für Geologie und Paläontologie, Monatsheft, S. 299–310, Stuttgart 1969

SCHÜTT, Gerda: Ein Gepardenfund aus den Mosbacher Sanden (Altpleistozän, Wiesbaden). Mainzer naturwissenschaftliches Archiv, 9, S. 118–131, Mainz 1970

SCHÜTT, Gerda / HEMMER, Helmut: Zur Evolution des Löwen (*Panthera leo* L.) im europäischen Pleistozän. Neues Jahrbuch für Geologie und Paläontologie, Monatshefte 4, S. 228–255, Stuttgart 1978

SIEGFRIED, Paul: Pleistozäne Säugetiere in westfälischen Höhlen. Jahreshefte für Karst- und Höhlenkunde, 2, S. 177–191, München 1961

SIEGFRIED, Paul: Die eiszeitliche Tierwelt nach Funden in

Warsteiner Höhlen. Aufschluß, Sonderband, 29, S. 193–204, Heidelberg 1979

SIEGFRIED, Paul: Fossilien Westfalens. Eiszeitliche Säugetiere. Eine Osteologie pleistozäner Großsäuger. Münstersche Forschungen zur Geologie und Paläontologie. 60, S. 1–163, Münster 1983

STEINER, Ute / STEINER, Walter: Ergebnisse der Grabungen 1962 in den quartären Sedimenten und Bemerkungen zur Genese der Rübelander Höhlen/Harz. Jahresschrift für mitteldeutsche Vorgeschichte, 53, S. 103–140, Halle/Saale 1969

STEINER, Walter: Der Travertin von Ehringsdorf und seine Fossilien, Wittenberg 1981

THENIUS, Ernst: Gepardreste aus dem Altquartär von Hundsheim in Niederöstereich. Neues Jahrbuch für Geologie und Paläontologie, Monatshefte, S. 225–238, Stuttgart 1953

THIEME, Hartmut: Freden (Leine). Jungpaläolithische Station. Aus: HÄSSLER, Hans-Jürgen: Ur- und Frühgeschichte in Niedersachen, S. 423, Stuttgart 1991

THIEME, Hartmut: Freden (Leine). Herzberg am Harz, Scharzfeld. Aus: HÄSSLER, Hans-Jürgen: Ur- und Frühgeschichte in Niedersachen, S. 446–450, Stuttgart 1991

TURNER, Alan / ANTON, Mauricio: The Big Cats and their fossil relatives. New York 1997

VERBAND DER DEUTSCHEN HÖHLEN- UND KARSTFORSCHER (Hrsg.): Die Moggaster Höhle – Eine der bedeutendsten Höhlen der Fränkischen Schweiz. Karst und Höhle 1998/1999, S. 104, München 2000

WAGNER, Adolf: Neue paläontologische Höhlenfunde aus der Frankenalb. Mitteilungsblatt der Abteilung für Karst- und Höhlenkunde der Naturhistorischen Gesellschaft Nürnberg, 13. Jahrgang 1980, Heft 1/2, S. 6–13, Nürnberg 1980

WAGNER, Eberhard: Eine Löwenkopfplastik aus Elfenbein von der Vogelherdhöhle. Fundberichte aus Baden-Württemberg, S. 29–58, Stuttgart 1981

WEHRBERGER, Kurt: Raubkatzen in der Kunst des Jung-

paläolithikums. Aus: Der Löwenmensch, S. 53–76, Sigmaringen 1994
WEHRBERGER, Kurt / REINHARDT, Brigitte: Der Löwenmensch: Geschichte – Magie – Mythos, Ulm 2005
WEINLAND, David Friedrich: Rulaman. Naturgeschichtliche Erzählung aus der Zeit des Höhlenmenschen und des Höhlenbären, Leipzig 1878
WENZEL, Stefan: Die Funde aus dem Travertin von Stuttgart-Untertürkheim und die Archäologie der letzten Warmzeit in Mitteleuropa. Universitätsforschungen zur prähistorischen Archäologie, Band 52, S. 1–272, Bonn 1998
WIKIPEDIA Freie Enzyklopädie http://wikipedia.org
WURM, Adolf: Beiträge zur Kenntnis der diluvialen Säugetierfauna von Mauer a. d. Elsenz (bei Heidelberg). I. Felis leo fossilis. Jahresberichte und Mitteilungen des Oberrheinischen Geologischen Vereins, NF 2, S. 77–102, Suttgart 1912
ZIEGLER, Reinhold: Löwen aus dem Eiszeitalter Süddeutschlands. Aus: Der Löwenmensch, Tier und Mensch in der Kunst der Eiszeit, S. 46–52, Sigmaringen 1994
ZITTEL, Karl Alfred: Die Räuberhöhle am Schelmengraben, eine prähistorische Höhlenwohnung in der bayerischen Oberpfalz. Sitzberichte der Mathematisch-Physikalischen Classe der Königlich-Bayerischen Akademie der Wissenschaften, 2, Heft 1, München 1872

Bildquellen

Archiv Friedrich-Schiller-Universität Jena: 20
Remie Bakker, Rotterdam: 72 oben
Klaus Benz, Fotograf, Mainz-Laubenheim: 7 unten, 124
Petra Berns, Bad Honnef: 38
René Bleuanus, Bleudesign, Gorinchem, Niederlande: 105
Deutsche Fotothek / CC-BY-SA3.0 (Foto von Roger Rössing (1929–2006) / Renate Rössing (1929–2005) von 1951): 66 oben (via Wikimedia Commons), lizensiert unter CreativeCommons-Lizenz by-sa-3.0-de
http://creativecommons.org/licenses/by-sa/3.0/legalcode
Dr. Cajus G. Diedrich, PalaeoLogic, Halle/Westfalen: 45, 52
Heinrich Harder (1858–1935), Gemälde zur Illustration von 30 Sammelkarten mit dem Titel „Tiere der Urwelt" um 1920: 6 (2. Bild von unten)
Ulrich H. J. Heidtke, Niederkirchen (Pfalz): 104 oben, 104 unten
Siegberg Heinecke, Böhl-Iggelheim: 110
Lothar Henke, Leipzig: 118
Hessisches Landesmuseum Darmstadt: 48
Dr. Brigitte Hilpert, Geozentrum Nordbayern, Fachgruppe PaläoUmwelt, Erlangen: 34, 42, 52
Homo heidelbergensis von Mauer e. V., Mauer bei Heidelberg: 19 oben
Emanuel Keller, Grüt (Gossau), Schweiz: 114 oben
Landesamt für Denkmalpflege Hessen, Abteilung Archäologie und Paläontologie, Schloss Biebrich, Wiesbaden: 18 oben
Museum Wiesbaden: 50
Naturhistorisches Museum Mainz / Landessammlung für Naturkunde Rheinland-Pfalz: 15, 16 oben, 16 unten, 46
Quadrat Bottrop, Museum für Ur- und Ortsgeschichte (Foto:

Bücher von Ernst Probst

Eiszeitliche Raubkatzen
in Deutschland

Eiszeitliche Leoparden
in Deutschland

Eiszeitliche Geparde
in Deutschland

Der Europäische Jaguar

Säbelzahnkatzen
Von Machairodus bis zu Smilodon

Die Säbelzahnkatze
Machairodus

Die Säbelzahnkatze
Homotherium

Die Dolchzahnkatze
Megantereon

Die Dolchzahnkatze
Smilodon

Meine Worte sind wie die Sterne
Die Entstehung der Rede des Häuptlings Seattle
(zusammen mit Sonja Probst)

Die Bronzezeit
Die Aunjetitzer Kultur
Die Straubinger Kultur
Die Adlerberg-Kultur
Die nordische Bronzezeit
Die Hügelgräber-Kultur
Die Lüneburger Gruppe in der Bronzezeit
Die Stader Gruppe in der Bronzezeit
Die Urnenfelder-Kultur
Die Lausitzer Kultur

Deutschland in der Frühbronzezeit
Deutschland in der Mittelbronzezeit
Deutschland in der Spätbronzezeit

Österreich in der Frühbronzezeit
Österreich in der Mittelbronzezeit
Österreich in der Spätbronzezeit

Die Schweiz in der Frühbronzezeit
Die Schweiz in der Mittelbronzezeit
Die Schweiz in der Spätbronzezeit

Superfrauen 1 – Geschichte
Superfrauen 2 – Religion
Superfrauen 3 – Politik
Superfrauen 4 – Wirtschaft und Verkehr
Superfrauen 5 – Wissenschaft
Superfrauen 6 – Medizin
Superfrauen 7 – Film und Theater

Superfrauen 8 – Literatur
Superfrauen 9 – Malerei und Fotografie
Superfrauen 10 – Musik und Tanz
Superfrauen 11 – Feminismus und Familie
Superfrauen 12 – Sport
Superfrauen 13 – Mode und Kosmetik
Superfrauen 14 – Medien und Astrologie

Malende Superfrauen

Superfrauen aus dem Wilden Westen

Königinnen der Lüfte in Deutschland
Biografien berühmter Fliegerinnen

Königinnen des Tanzes
Biografien berühmter Tänzerinnen

Der Schwarze Peter
Ein Räuber im Hunsrück und Odenwald

Julchen Blasius
Die Räuberbraut des Schinderhannes

Der Ball ist ein Sauhund
Weisheiten und Torheiten über Fußball
(zusammen mit Doris Probst)

Worte sind wie Waffen
Weisheiten und Torheiten über die Medien
(zusammen mit Doris Probst)

Bestellungen bei:
http://www.grin.com